农事指南系列丛书

优良食味水稻产业关键实用技术 100 问

王才林　主编

U0256171

中国农业出版社

北　京

图书在版编目（CIP）数据

优良食味水稻产业关键实用技术100问 / 王才林主编
. —北京：中国农业出版社，2021.7（2021.11重印）
（农事指南系列丛书）
ISBN 978-7-109-28005-2

Ⅰ.①优…　Ⅱ.①王…　Ⅲ.①水稻栽培—问题解答
Ⅳ.①S511-44

中国版本图书馆CIP数据核字（2021）第040391号

中国农业出版社出版
地址：北京市朝阳区麦子店街18号楼
邮编：100125
策划编辑：张丽四
责任编辑：程　燕　文字编辑：耿增强
责任校对：刘丽香
印刷：北京缤索印刷有限公司
版次：2021年7月第1版
印次：2021年11月北京第2次印刷
发行：新华书店北京发行所
开本：700mm×1000mm　1/16
印张：9.5
字数：200千字
定价：55.00元

农事指南系列丛书编委会

总 主 编：易中懿

副总主编：孙洪武　沈建新

编　　委（按姓氏笔画排序）：

　　　　　吕晓兰　朱科峰　仲跻峰　刘志凌

　　　　　李　强　李爱宏　李寅秋　杨　杰

　　　　　吴爱民　陈　新　周林杰　赵统敏

　　　　　俞明亮　顾　军　焦庆清　樊　磊

本书编写者名单

主　　编　　王才林　江苏省农业科学院粮食作物研究所　研究员
副 主 编　　张亚东　江苏省农业科学院粮食作物研究所　研究员
参编人员（按姓氏笔画排序）

　　　　　　朱　镇　江苏省农业科学院粮食作物研究所　研究员
　　　　　　陈　涛　江苏省农业科学院粮食作物研究所　副研究员
　　　　　　周丽慧　江苏省农业科学院粮食作物研究所　副研究员
　　　　　　赵　凌　江苏省农业科学院粮食作物研究所　研究员
　　　　　　赵庆勇　江苏省农业科学院粮食作物研究所　副研究员
　　　　　　赵春芳　江苏省农业科学院粮食作物研究所　副研究员
　　　　　　姚　姝　江苏省农业科学院粮食作物研究所　副研究员
　　　　　　路　凯　江苏省农业科学院粮食作物研究所　副研究员
　　　　　　魏晓东　江苏省农业科学院粮食作物研究所　副研究员

丛书序

习近平总书记在2020年中央农村工作会议上指出，全党务必充分认识新发展阶段做好"三农"工作的重要性和紧迫性，坚持把解决好"三农"问题作为全党工作重中之重，举全党全社会之力推动乡村振兴，促进农业高质高效、乡村宜居宜业、农民富裕富足。

"十四五"时期，是江苏认真贯彻落实习近平总书记视察江苏时"争当表率、争做示范、走在前列"的重要讲话指示精神、推动"强富美高"新江苏再出发的重要时期，也是全面实施乡村振兴战略、夯实农业农村现代化基础的关键阶段。农业现代化的关键在于农业科技现代化。江苏拥有丰富的农业科技资源，农业科技进步贡献率一直位居全国前列。江苏要在全国率先基本实现农业农村现代化，必须进一步发挥农业科技的支撑作用，加速将科技资源优势转化为产业发展优势。

江苏省农业科学院一直以来坚持把推进科技兴农为己任，始终坚持一手抓农业科技创新，一手抓农业科技服务，在农业科技战线上，开拓创新，担当作为，助力农业农村现代化建设。面对新时期新要求，江苏省农业科学院组织从事产业技术创新与服务的专家，梳理研究编写了农事指南系列丛书。这套丛书针对水稻、小麦、辣椒、生猪、草莓等江苏优势特色产业的实用技术进行梳理研究，每个产业提炼出100个技术问题，采用图文并茂和场景呈现的方式"一问一答"，让读者一看就懂、一学就会。

丛书的编写较好地处理了继承与发展、知识与技术、自创与引用、知识传播与科学普及的关系。丛书结构完整、内容丰富，理论知识与生产实践紧密结合，是一套具有科学性、实践性、趣味性和指导性的科普著作，相信会为江苏农业高质量发展和农业生产者科学素养提高、知识技能掌握提供很大帮助，为创新驱动发展战略实施和农业科技自立自强做出特殊贡献。

农业兴则基础牢，农村稳则天下安，农民富则国家盛。这套丛书的出版，标志着江苏省农业科学院初步走出了一条科技创新和科学普及相互促进、共同提高的科技事业发展新路子，必将为推动乡村振兴实施、促进农业高质高效发展发挥重要作用。

2020 年 12 月 25 日

序

水稻是江苏省最重要的粮食作物，常年种植面积3300万亩左右，在保障国家及江苏省粮食安全中占有非常重要的地位。江苏省稻作历史悠久，它不仅是我国粳稻主产区，而且单产水平连续创历史新高，位于主产区之首，以占全国3.8%的耕地生产了全国6%的粮食，养活了全国5.8%的人口，创造了人口密度最大省份粮食总量平衡、口粮自给的不凡业绩。

江苏省农业科学院作为全省率先开展优良食味水稻遗传育种的研究单位，育成了适合江苏省不同区域种植的南粳46、南粳5055、南粳9108等系列优良食味粳稻品种。目前，南粳系列优良食味粳稻品种在江苏省的年种植面积占全省水稻种植面积的1/3以上。在南粳系列优良食味粳稻品种的带动下，江苏省优良食味水稻在遗传育种、品质保优栽培技术以及食味品质评价、品牌建设等方面均取得了突破性进展。

这本由江苏省农业科学院撰写的《优良食味水稻产业关键实用技术100问》介绍了优良食味粳稻品种，品质保优栽培，优质稻米加工、蒸煮、食味品质评价，优质稻米选购等方面的关键实用技术。这本书内容丰富，文字通俗易懂，可读性强，既是指导优良食味水稻生产、加工和消费的科普书和工具书，也可作为农业院校师生和广大水稻爱好者的参考用书。

张洪程

2020年10月

前　言

　　江苏省地处我国东部，地理上跨越南北，气候、植被兼具南方和北方特征，生态类型多样，农业生产条件得天独厚，自古以来便是我国的"鱼米之乡"。水稻是江苏省最重要的粮食作物，在江苏省生产和消费中占有非常重要的地位。

　　江苏省水稻遗传和品种选育研究具有悠久的历史，"三黄""三黑"、精确定量栽培技术、两系法亚种间杂交组合两优培九等均在全国产生了巨大的影响。江苏省优良食味水稻育种研究始于20世纪90年代，江苏省农业科学院利用日本粳稻资源开始了食味品质改良，2008年育成首个优良食味粳稻品种南粳46，随后陆续育成了适合江苏不同区域种植的南粳5055、南粳9108、南粳505、南粳2728、南粳58、南粳5718、南粳7718、南粳66、南粳9308、南粳9036、南粳3908、南粳晶谷、南粳56等优良食味粳稻品种。在南粳系列优良食味品种的带动下，江苏省优良食味水稻品种选育快速发展，苏香粳3号、苏香粳100、宁粳8号、宁香粳9号、徐稻9号、丰粳1606、扬农香28、金香玉1号、武粳113、常香粳1813等多个优良食味粳稻品种通过审定。截至2020年年底，江苏省育成的优良食味粳稻品种适宜种植区域不仅覆盖了江苏省全域，而且在上海、安徽、山东、河南、浙江、湖北等省份广泛种植。"苏星四季""江南味道""金陵味稻""淮味千年""宿有千香""射阳大米""兴化大米""东海大米""泗洪大米""如皋大米""海安大米"等省、市、县域公用品牌大米以及省内外数百家稻米加工企业都采用优良食味品种作为原粮，生产的优质大米深受消费者欢迎，有效提升了"苏米"品牌的影响力，有力支撑了江苏省及周边地区优质稻米产业的发展。优良食味水稻品种的选育和应用，为提高长江中下游地区居民的幸福指数、推进农业供给侧结构性改革做出了突出贡献。

为深入贯彻落实党中央、国务院实施乡村振兴战略决策部署和国家以及江苏省《乡村振兴战略规划（2018—2022 年）》，充分发挥江苏省农业科学院专家资源以及农科传媒公司、中国农业出版社在农业科技图书专业出版领域的渠道优势，紧扣江苏省"三农"工作实际，以乡村振兴和农技推广的实际需求为导向，以农业生产中存在的关键性技术问题为切入点，按照主导产业、特色产业的全产业链涉及学科领域分类，为从事农业生产的一线农技推广人员、农业生产人员以及三农管理者量身编撰出版一套看得懂、用得上、喜欢看的高质量系列图书，江苏省农业科学院组织编写的"农事指南系列丛书"，旨在为江苏省、长江三角洲乃至全国全面建成小康社会、深入实施乡村振兴战略助力，为江苏省农业科学院 90 周年院庆献礼。

按照丛书编写要求，《优良食味水稻产业关键实用技术 100 问》从播种的田头到居民的餐桌，系统地介绍了优良食味水稻全产业链各个环节的技术知识，旨在指导科学选用品种、绿色高效安全种植、加工和消费，解决优良食味水稻生产者、管理者、加工者、消费者的困惑。本书共分为总论、优良食味粳稻品种、品质保优栽培技术、优质稻米加工与储藏技术、优质稻米蒸煮技术、优质大米品牌打造、食味品质评价方法和优质稻米选购技术，共 8 章。

本书在编写过程中，引用和吸收了国内外有关专家的研究成果，并尽可能在参考文献中注明。由于编写人员能力有限，时间仓促，以及受数据收集困难等客观因素制约，书中难免会有不足甚至错误之处，敬请广大读者批评指正。

2020 年 10 月于南京

目　录

第三章　品质保优栽培技术 ·················· 61

第一章

总　　论

1 江苏省水稻种植面积、单产和总产是多少？

江苏省近年水稻种植面积3300万亩*左右，总产1950万吨左右。国家统计局数据显示，2010—2019年江苏省水稻平均年播种面积3344万亩，平均总产1892.7万吨，平均单产566.39千克/亩（国家统计局，https://data.stats.gov.cn/）。

2010年以来，江苏省水稻种植面积一直在3300万～3400万亩波动，其中2016年水稻种植面积最大，达到3442.2万亩，2019年种植面积最少，为3279万亩。2010—2019年，江苏省水稻单产稳步增长，2010年水稻每亩单产539.5千克，2011年每亩突破550千克，达到552.7千克；2012年每亩突破560千克，达到561.9千克。近两年，水稻单产增长较快，2018年每亩突破580千克，达到589.4千克，2019年每亩单产达到598千克，创造历史最高单产。

2010年以来，由于水稻单产的增加，虽然水稻种植面积有波动，但其总产在总体上呈增加趋势。2010年江苏省水稻总产1807万吨，2012年突破1900万吨，2018年达1958万吨，2019年虽然种植面积略有减少，但水稻总产仍较2018年有所增加，为1960万吨（图1-1）。

---

* 亩为非法定计量单位，1亩≈667米²。——编者注

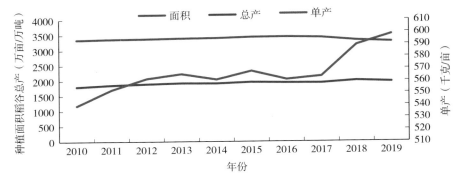

图 1-1 江苏省 2010—2019 年水稻生产情况

② 江苏省水稻生产在全国的地位怎样？

江苏省是我国水稻主产省，是全国大面积水稻单产水平最高的省份，其用占全国 7% 的水稻种植面积生产了占全国 9% 的稻谷产量，在全国水稻生产中具有十分重要的地位。据国家统计局数据，2010—2019 年江苏省水稻年平均种植面积 3344 万亩，占全国水稻总种植面积的 7.32%，居湖南省、黑龙江省、江西省、安徽省、湖北省之后，位于第六位（图 1-2）。但前五位除黑龙江省以外，都有双季稻。2010—2019 年江苏省水稻平均单产 566.1 千克，位于新疆之后，在全国排名第二位（图 1-3），但新疆水稻种植面积只有 100 多万亩。在全国水稻种植面积 1000 万亩以上的主产省份中，江苏省是单产水平最高的省份。2010—2019 年江苏省水稻平均总产 1892.7 万吨，占全国水稻总产的 9.07%，位于湖南和黑龙江之后，居第三位（图 1-4）。

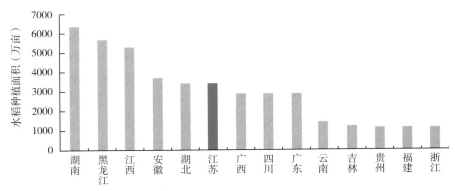

图 1-2 我国水稻主产省份 2010—2019 年平均水稻种植面积

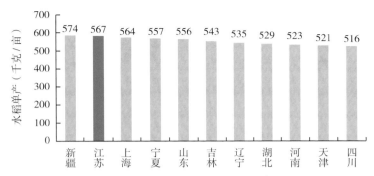

图 1-3　我国 2010—2019 年平均水稻亩产超过 500 千克以上省份

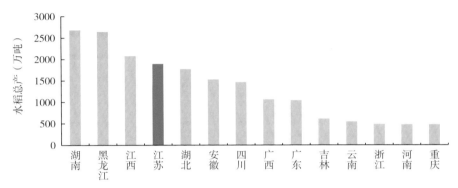

图 1-4　我国 2010—2019 年年均稻谷总产超过 400 万吨的省份

江苏省也是我国粳稻主产省。2010—2019年江苏省粳稻平均种植面积2946.1万亩，仅次于黑龙江省，占全国粳稻种植面积的24%左右。江苏省粳稻平均单产584.9千克/亩，在全国粳稻主产省中产量最高；总产1727.4万吨，占全国粳稻总产的25%左右。因此，江苏粳稻在全国粳稻生产中的地位举足轻重。

③ 江苏省水稻生产的特点是什么？

江苏省地处亚热带与暖温带的过渡区，生态条件兼有南北之利。江苏省水稻生产具有历史悠久、地位重要、稻作类型丰富、发展迅速等特点。

江苏省水稻生产具有悠久的历史，境内已经发现20多处5000年以前的稻作遗址（王才林等，2000；丁金龙，2004）。2012年，考古学家在泗洪县梅花镇顺山集遗址发掘出距今8300年的炭化稻，是迄今为止江苏省境内发现的最古老的稻作遗址。1993 年，江苏省农业科学院和南京市博物院与日本宫崎大学在草鞋山遗址发掘出了距今 6000 年以前的世界最古老的水稻田（汤陵华等，1999），为太湖流域作为栽培粳稻的起源地提供了最有力的证据。

江苏水稻生产在全国与地区粮食生产中地位十分重要。近年来，江苏水稻种植面积占全国水稻种植面积的 7.3%、总产占 9.1% 左右。江苏省水稻种植面积占全省粮食作物种植面积的 40.2%，水稻平均单产水平远远高于全省粮食作物的单产水平，水稻年总产占全省粮食总产的 54%。

江苏省的稻作制度类型多样。不仅有麦—稻、油菜—稻、绿肥—稻和蔬菜（瓜果）—稻等两熟制类型，还有 20 世纪 70—80 年代的麦—稻—稻、油菜—稻—稻、绿肥—稻—稻、麦—瓜—稻、麦—玉米—稻、冬春作物—春玉米—后季稻、冬季蔬菜—瓜类—后季稻等三熟制类型。近年来，按照江苏省推进农业供给侧结构性改革的部署要求，大力开展种植结构调整，积极转变发展方式，因地制宜示范推广了一批稻田综合种养模式，有稻虾共作、稻鸭共作、稻蟹共作、稻蛙共作、稻鱼共作、稻鳝共作、稻鳖共生、稻鳅共作、稻+泥鳅+田螺共作、稻+小龙虾+泥鳅共作等，取得了明显的社会经济效益（江苏省农业技术推广总站，2019）。

自 1949 年以来，江苏水稻生产发展迅速，种植面积、单产和总产均得到了快速增长。从 1949—2019 年这 70 年的数据来看（表 1-1），水稻种植面积从 1949 年的 2653 万亩增加到 2019 年的 3279 万亩，增加了 626 万亩，增长 23%。20 世纪 70 年代江苏水稻种植面积超过 4000 万亩，最高时达到 4700 万亩，是因为当时种植了双季稻。每亩单产从 1949 年的 127 千克，增加到 2019 年的 598 千克，翻了两番多，分别于 1963 年、1978 年、1983 年和 1994 年连续跨上了 200 千克、300 千克、400 千克和 500 千克 4 个台阶，2019 年达到 598 千克。水稻总产从 1949 年的 337 万吨增加到 2019 年的 1960 万吨，增加了 1623 万吨，是 1949

表 1-1　江苏省 1949 年和 2019 年水稻生产情况

年份	面积（万亩）	单产（千克/亩）	总产（万吨）
1949 年	2653	127	337
2019 年	3276	598	1960
2019 年比 1949 年增加	623	471	1623
2019 年是 1949 年的倍数	1.23	4.71	5.82

年的5.82倍，水稻总产分别于1963年、1971年、1983年和1998年同样连续跨上了600万吨、1100万吨、1600万吨和2000万吨4个台阶。

 江苏省有哪几个稻作区？

根据生态条件的不同，江苏省从北到南分成5个稻作区，分别为淮北稻区、里下河稻区、沿江沿海稻区、丘陵稻区和太湖稻区（表1-2）。淮北稻区包括淮河和苏北灌溉总渠以北的地区。里下河稻区包括苏北灌溉总渠以南、通扬运河以北、京杭运河以东、通榆河以西的地区，是江苏最大的湖荡水网地区。沿江沿海稻区处在长江两岸和东部沿海一带。丘陵稻区包括长江南北丘陵山区，南北狭长东西较窄。太湖稻区包括苏州、无锡、常州，是江苏历史最悠久的古老稻区。

表1-2　江苏省稻作区分布

稻作区域	行政区划
淮北稻区	连云港市、徐州市、宿迁市、淮安市
里下河稻区	扬州市、泰州市
沿江沿海稻区	盐城市、南通市
丘陵稻区	南京市、镇江市
太湖稻区	常州市、无锡市、苏州市

⑤ 江苏省水稻品种主要有哪些类型？

江苏省水稻品种类型丰富，既有籼稻，又有粳稻。籼稻以一季中籼稻为主，既有杂交籼稻又有常规籼稻。杂交籼稻既有三系杂交籼稻，又有两系杂交籼稻。目前，生产上种植的籼稻主要是两系杂交籼稻和三系杂交籼稻，常规籼稻很少。粳稻根据生育期长短不同又分为中粳稻与晚粳稻。中粳稻和晚粳稻再根据生育期的长短分为中熟中粳、迟熟中粳、早熟晚粳、中熟晚粳。根据育种方式的不同，粳稻也有常规粳稻和杂交粳稻之分。

江苏省水稻主要为粳稻，约占水稻种植总面积的85%以上。2018年江苏省水稻种植面积为3322.6万亩，其中粳稻2865万亩，占水稻总种植面积的86.23%，目前，生产上种植的粳稻主要是常规粳稻（江苏省农业技术推广总站，2019）。

江苏省水稻品种类型的分布与稻区密切相关。淮北稻区主要是中熟中粳，宿迁、徐州有部分杂交籼稻。里下河稻区主要是迟熟中粳。沿江沿海稻区主要是迟熟中粳和早熟晚粳。丘陵稻区主要是迟熟中粳，也有部分早熟晚粳和杂交籼稻。太湖稻区主要是早熟晚粳，也有部分中熟晚粳。

⑥ 稻米的主要成分有哪些?

稻米的主要成分有淀粉、蛋白质、水分、脂类、维生素、矿物质以及一些挥发性物质（赵黎明，2009）。

淀粉是稻米最主要的成分，占70%以上。稻米中的淀粉以淀粉粒的形式贮藏于胚乳细胞中，直径为3～8微米，是已知谷物中淀粉颗粒最小的。淀粉是由葡萄糖组成的多糖，可分为直链淀粉和支链淀粉两类。

蛋白质是稻米的第二大组分，大部分以贮藏性蛋白的形式存在于稻米中。糙米中蛋白质含量为4.3%～18.2%，其中80%的蛋白质存在于胚乳中，其余20%存在于米糠中（Gomez et al.，1975）。稻米蛋白质的质量由必需氨基酸含量决定，通常以赖氨酸含量来衡量（王康君，2011）。我国稻米赖氨酸含量一般介于0.11%～0.61%，且品种间差异较大（应存山，1992），不同储藏蛋白中各种必需氨基酸含量各不相同（刘向蕾等，2010）。

在含水量为14%的稻米中，脂类占0.6%～3.9%。虽然稻米中的脂类含量不多，但它是组成生物细胞不可缺少的物质，同时也是稻米重要的营养成分之一。脂肪在稻米籽粒中分布不均匀，胚中含量最高，其次是种皮和糊粉层，胚乳中含量极少。根据在相关溶剂中的溶解性，稻米中的脂类可分为淀粉脂类和非淀粉脂类（黄发松等，1998）。

稻米中还含有14%左右的水分、0.3%左右的矿物质以及少量粗纤维、灰分等。糙米是稻谷去壳但还保留表皮的米，米皮中含有维生素B_1、钙、磷、铁等微量元素。精米外观漂亮、口感好，但由于除去了皮层，所以营养略差。

稻米的品质包括哪些方面?

稻米品质主要包括外观品质、加工品质、蒸煮食味品质、营养品质和卫生品质5个方面。

稻米的外观品质是指糙米或精米籽粒的外表物理特性,其优劣直接影响消费者的喜好。外观品质有粒型、垩白和透明度等指标,其中粒型性状包括粒长、粒宽、粒厚以及长宽比等(杨联松等,2001)。垩白是由于灌浆期稻米胚乳中最外几层或中心部分的淀粉和蛋白质颗粒累积不足,排列疏松,颗粒间充满空隙,光线不能通过而发生折射所致,是衡量水稻外观品质优劣的重要指标之一。根据垩白发生部位的不同可分为腹白、心白、背白和基白,统称为垩白,通常用垩白粒率、垩白面积、垩白度评价稻米外观品质的等级。

加工品质(又称为碾磨品质)是稻米品质的重要组成部分,其优劣直接关系到稻米的商品价值。稻米的加工品质包括糙米率、精米率、整精米率等,其中整精米率是加工品质中最重要的性状。品种不同、优质与否,出糙率、精米率、整精米率也随之不同。糙米率、精米率与整精米率越高的水稻品种,其米质越好。稻米加工品质与粒型等因素密切相关。一般来说,谷粒长度中等、较细而无腹白的整精米率较高,谷粒长而粗、腹白大的米粒在加工时易破碎(周立军等,2009;张玉华,2003)。

蒸煮食味品质指稻米在蒸煮与食用过程中所表现的各种理化及感官特性,如吸水性、延伸性、糊化性、膨胀性、溶解性,以及热饭与冷饭的柔软性、弹性、色、香、味等。稻米的食味品质直接影响其口感,是众多品质中最为重要的一项指标,是稻米品质的核心。通常用直链淀粉含量、糊化温度、胶稠度、RVA值(淀粉黏滞性特征值)以及香味等理化指标评价食味品质。

稻米营养品质一般指稻米中的蛋白质含量及其氨基酸组成,以及脂肪、维生素、矿物质含量等。营养品质的主要衡量指标为粗蛋白含量、贮藏蛋白组成、氨基酸组成(特别是必需氨基酸含量)等。

卫生品质主要是指稻米中农药与重金属元素有害成分的残留状况等。主要包括有毒化学农药、重金属离子、黄曲霉素、硝酸盐等有毒物质的残留量。它是稻米的首要品质指标,因为稻米作为食品,首先必须安全、卫生。

什么叫优良食味水稻？

食味在汉语中是动宾结构，是指品尝滋味、吃食物。作为名词，是指人们品尝食物以后对食物味道的感官评价，多数为主观感觉。目前食味用于农业和食品行业指对农产品和食品进行评价，不同行业、不同产品种类的评价标准不同。农产品中主要用于对食用稻米和鲜食玉米的评价。

对于水稻，食味用于对米饭的感官评价，是味道、口感的意思。优良食味就是口感好、好吃的意思，优良食味水稻就是指食味品质好的水稻品种，也就是好吃的水稻品种。有时候经常听到人们将优良食味水稻说成"优质食味水稻"，其实是不准确的。优质是优良品质的简称，稻米品质包括外观品质、加工品质、食味品质和营养品质等方面，食味品质只是稻米品质的一个方面。优良品质是大概念，优良食味是小概念，不应将大概念与小概念混用。

 影响稻米食味品质的因素有哪些？

影响稻米食味品质的因素包括稻米本身的内在因素和稻米食味品质形成过程中的外在因素两个方面。

品种是决定稻米食味品质的首要条件。好大米一定是用好品种的水稻种出来的，稻米食味品质好坏的关键是品种。稻米中70%以上是淀粉，直链淀粉含量是影响品种食味品质最重要的因素，其含量较低（10%～17%）时，食味品质较好。近年来，研究表明支链淀粉的含量及其链长比例才是影响品种食味品质的重要原因。蛋白质含量对品种食味品质的影响也很大，蛋白质含量较低（6%～7%）时，食味品质较好。栽培上要尽量控制品种的蛋白质含量在8%以下，日本优质稻米的蛋白质含量都在6%～7%，是其食味品质优良的重要原因。脂肪含量、淀粉糊化温度也在一定程度上影响着食味品质，脂肪含量越高、糊化温度越低，食味品质越好。近年来，江苏省农业科学院培育的南粳系列优良食味粳稻品种就具备这些特性，因而米饭具有柔、香、糯、甜的食味品质特性，深受长三角地区居民的喜爱。

外在因素是指稻米食味品质在形成过程中的环境条件，包括产地环境、栽培条件、产后管理和煮饭质量等因素。产地环境指的是水稻生长的土壤、气候（温度、湿度、雨量、光照）、空气、水质等方面（图1-5）。土壤肥沃、有机质含量高、保水保肥性好，产地四季分明、温度适宜、光照充足、雨量充沛、大气无污染，灌溉水水质优良等环境因素是生产好大米的先决条件。水稻灌浆期高温对稻米食味品质的影响较大，抽穗后30天日平均温度达到27℃以上时稻米食味品质会降低。因此根据当地的光照条件选择适宜的优质品种，科学地确定适宜播种、移栽时期，避免灌浆期高温，有利于水稻健康生育和优良食味品质形成。除了环境温度，土壤环境对食味品质的影响也不可忽视。如果耕地一年四季不停，长时间超负荷耕种，就会带来耕地地力严重透支、土壤质量下降等严重问题。在这种没有"地力"的土壤中，很难生长出真正健康的水稻，稻米食味品质难以保证。因此，近年我国实行耕地轮作休耕制度，让耕地休养生息，提升耕地质量，有利于水稻健康群体及优良食味品质形成。

图 1-5 水稻产地环境

栽培条件包括播期、密度、种植方式、施肥量与施肥时期、肥料种类、水浆管理、病虫害控制等因素。在选用优质品种的基础上，要采取适宜的播种时期、种植密度和种植方式。栽培过程中要合理施肥，少用氮肥，多用有机肥，增施钾肥和锌肥，补施硅肥，特别是后期尽量不施氮肥，优化氮磷钾等多种元素的比例，有利于健康群体的形成和病虫害控制。水浆管理上做到前期浅水勤灌促进早发，中期干干湿湿强秆壮根，后期湿润灌溉活熟到老。除了在活棵到分蘖期、孕穗至抽穗扬花期保持浅水层以外，其余时间均只要干湿交替，前期以湿为主，后期以干为主，收获前10天左右断水，促进优良食味品质的形成。

产后管理包括稻米收获、烘干、加工、包装、储藏等因素。水稻收获时期对食味品质的影响较大，收获过早和过迟都不利于优良食味品质的形成。稻谷干燥时要采用低温烘干，稻谷温度不能超过38℃，温度过高，水分蒸发快，米粒易爆腰，煮饭时米粒易裂开，影响食味。加工时要采用好的加工机械和加工方法，稻谷含水量在15%～17%时，加工的稻米具有良好的食味品质。此外，为防止稻谷或稻米发生老化、霉变、营养成分流失等，还要有好的包装，实行真空低温储存，更持久地保持稻米的食味品质。

稻米蒸煮过程如电饭锅质量、蒸煮方式、米水比例、水质、浸泡时间、蒸煮时间以及焖饭时间均会对米饭的食味品质产生影响，其中米水比例对食味品质的影响最大。米水比例因品种而异，一般直链淀粉含量越高，加水越多，直链淀粉含量越低，则加水越少；米的含水量越高，加水越少，含水量越低，则加水越多。在采用同一种蒸煮方式煮饭时，一定要根据品种特性将米水比例调至合适范围，保证稻米的最佳食味品质。

只有当内在品质指标优秀，各项外在因素完美协调时才能生产出食味品质出色的好大米。科学研究表明，好吃的稻米往往直链淀粉含量较低（10%～17%）、蛋白质含量较低（6%～7%）、胶稠度较长（80毫米以上）、糊化温度中等（68～72℃）、脂肪含量较高，支链淀粉的短链较多而中长链较少，食味品尝综合分值在80分以上。

⑩ 直链淀粉含量与食味品质的关系是什么？

淀粉是稻米中含量最多的组分，可分为直链淀粉和支链淀粉两类。稻米直链淀粉含量是决定食味品质优劣最重要的性状之一。直链淀粉含量与米饭的黏性、硬度、光泽、弹性、适口性等密切相关（万向元等，2005；朱昌兰等，2009）。多数研究表明，直链淀粉含量与食味品质呈极显著的负相关。直链淀粉含量适中，米饭有光泽，软硬适中，有弹性，适口性好。直链淀粉含量过高，米饭硬，延伸性差，外观粗糙无光泽，口感较差；直链淀粉含量太低，煮成的米饭太软，黏性太大，口感也差。

一般来说，籼米的直链淀粉含量较高，多数在20%以上，煮饭时加水较多，米饭涨性较好，出饭率高，但米饭较硬，黏性小，易消化，不耐饥。粳米的直链淀粉含量较低，一般在14%～20%，煮饭时加水较少，米饭涨性较差，出饭率低，但米饭较柔软，黏性大，消化慢，较耐饥。糯米的直链淀粉含量低于2%，与粳米相比，煮饭时加水更少，米饭涨性更差，出饭率更低，但米饭更柔软，黏性更大，不易消化。食味品质好的大米直链淀粉含量适宜范围为10%～17%（图1-6）。米饭光泽好、黏性较大、柔软而润滑、不易回生。

直链淀粉含量对米饭口感的影响有明显的地域嗜好性。籼米在我国南方、南亚和东南亚地区较受青睐（Kumar et al.，1988），粳米在东亚北部地区比较受欢迎，包括中国、日本和韩国。同样喜食粳米的人群，对直链淀粉含量的要求也有差别。日本大米中食味值高的品种直链淀粉含量范围为17.5%～18.2%，食味值低的品种直链淀粉含量范围为19.9%～21.1%。我国东北地区居民的口感需求与日本相仿。但长江中下游地区居民喜欢软、香、糯的品种，直链淀粉含量范围为10%～14%，其米饭晶莹剔透，柔软而有弹性，口感润滑，冷而不硬。我国云贵高原地区居民则喜欢直链淀粉含量更低（5%～8%）的品种，部分少数民族甚至更喜欢吃糯米饭。

糯稻	半糯粳稻	普通粳稻	籼稻
AC：< 2%	5%～14%	15%～20%	> 20%

图1-6 不同类型水稻品种的直链淀粉含量

11 支链淀粉含量及链长比例与食味品质的关系是什么？

支链淀粉是一种高度分支的簇状大分子结构，是由 α–D葡萄糖通过

α–1,4糖苷键连接而成主链，加上由 α–1,6糖苷键连接的葡萄糖支链共同构成的多聚体。支链淀粉的各条链可以分为A、B、C三种链。A链没有分支，B链有一个或多个分支的葡聚糖链，C链是唯一一个具有还原性末端的主链，还原性末端在脐点。A链通过 α–1,6糖苷键连接在B链上（图1–7）。支链淀粉的分支形成有规则的结构簇，通常用链的聚合度（DP），即分子中脱水葡萄糖苷元的平均数目来表示链的长度。水稻支链淀粉平均聚合度8200～12800，平均链长19～23，外部平均链长11.3～15.8，内部平均链长3.2～5.7（Hanashiro et al.，1996）。

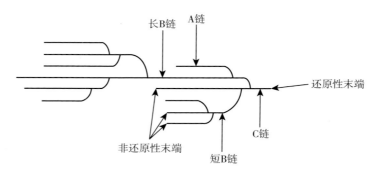

图 1-7 稻米的支链淀粉分支结构

（范名宇等，2017）

近年来，研究表明支链淀粉的含量及其链长分布也是影响稻米食味品质的重要因素。支链淀粉的短分支链比例较高，而长分支链比例较低，食味品质较好。不同水稻品种中支链淀粉各分支链的链长比例不同，可能是直链淀粉含量相近的稻米中食味品质存在差异的原因（Vandeputte et al.，2013；朱昌兰等，2002）。支链淀粉的链长比例影响淀粉糊化特性，中长链比例越高、糊化温度越高，推测长链部分可能形成双螺旋结构或与稻米中其他组分如脂、蛋白形成复合物，抑制淀粉的膨胀，从而导致最高黏度降低（周慧颖等，2018；范名宇等，2017）。长链越多则支链淀粉结构不易破裂，有助于维持胶稠化的淀粉颗粒结构（蔡一霞等，2006）。短链比例越高则米饭质地就越软，稻米食味品质越好（Zhang et al.，2017；Mar et al.，2015）。对南粳系列粳稻品种及其亲本的支链淀粉链长分布的测定，发现南粳系列优良食味粳稻品种的支链淀粉超短链（DP6～12）比例显著高于武粳13和武香粳14号（图1–8）。

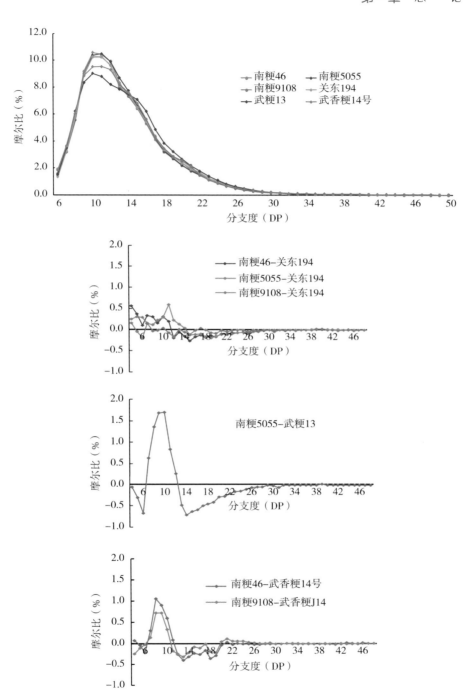

图 1-8　南粳系列优良食味粳稻品种及其亲本的支链淀粉链长分布差异

（赵春芳等，2019）

金丽晨等（2011）则认为，稻米食味品质是淀粉各组分链长结构的综合表现，其中支链淀粉的链长结构对于稻米的食味品质起到了决定性作用，中间成分和直链淀粉对于食味品质也有一定的影响。

12　蛋白质含量与食味品质的关系是什么？

蛋白质是稻米中含量仅次于淀粉的第二大类储藏物质，其含量是影响稻米食味品质的重要因素。根据在水、盐、醇和酸或碱溶液中的溶解度，蛋白质可分为白蛋白、球蛋白、醇溶蛋白和谷蛋白四类。白蛋白是水溶性蛋白，溶于水、稀酸溶液。球蛋白是盐溶性蛋白质，不溶于水，溶于 0.4 摩尔/升食盐溶液。醇溶蛋白不溶于水，溶于 70% ～ 80% 酒精。谷蛋白不溶于水、盐、酒精，但能溶于酸或碱溶液。各种蛋白含量因水稻品种而异，一般而言，白蛋白和球蛋白占 15%，醇溶蛋白占 5%，谷蛋白占 80%（Juliano et al.，1976）。

现有研究认为蛋白质含量与米饭食味品质呈负相关，随着蛋白质含量的增加，米饭硬度变大、黏度和弹性降低、色泽变差、食味品质变劣（张巧凤等，2007）。稻米蛋白质含量与直链淀粉含量、胶稠度、峰值黏度呈极显著负相关，与消减值之间呈极显著正相关。推测蛋白质通过水合作用和二硫键形成的网络结构影响米饭的硬度和黏度。高蛋白质导致米粒结构致密，淀粉粒之间的空隙变小，从而影响蒸煮过程中淀粉粒的吸水及膨胀，导致淀粉不能充分糊化，米饭黏度降低（刘桃英等，2013；丁毅等，2012）。高蛋白质含量的米还不耐储藏，储藏时二硫键增多，米饭呈黄褐色，有时还带有不好的气味，外观和食味品质下降（Saleh et al.，2007；Huang et al.，2020）。蛋白质含量过低时则稻米黏性和硬度都会受影响，导致食味品质下降（谢黎虹等，2013）。

另有研究认为不同品种中的蛋白质含量与食味的关系不尽相同，优质稻米品种中蛋白含量对食味品质具有正效应（向远鸿等，1990）。我们的研究表明，半糯型优良食味稻米蛋白质含量较高，说明优质稻米中的蛋白质含量不一定低（张春红等，2010；赵春芳等，2020）。因此，蛋白质含量及组成对米饭食味值的影响是极其复杂的，需要多种指标相结合评价稻米的食味品质。一般来说，食味好的稻米蛋白质含量适宜范围为 6% ～ 7%。

13 脂肪含量与食味品质的关系是什么？

脂肪是稻米的重要组分之一，主要分布在稻米的外层和胚部。糙米中粗脂肪含量为1.70%～3.37%，精米中粗脂肪含量为0.09%～1.52%。虽然精米中脂肪含量不高，却是影响稻米食味品质的主要因素之一。稻米中的脂肪多为优质的不饱和脂肪酸，亦是营养品质的重要指标。一般来说，精米脂肪含量对粳稻蒸煮品质有显著影响，优质稻米中的脂肪含量往往高于普通大米（图1-9）。脂肪含量越高，米饭光泽和适口性越好，香味更浓郁（吴焱等，2020）。脂类能与直链淀粉形成淀粉脂类复合体，使淀粉分子及晶体结构发生改变，从而影响淀粉的膨胀性、溶解性、糊化性、胶稠度、回生等特性，进而影响米饭的口感（张秀琼等，2019）。

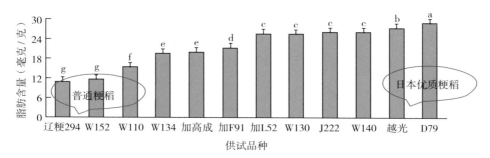

不同字母表示差异显著（$P < 0.05$，LSD 法）

图1-9 不同粳稻品种的稻米粗脂肪含量

（江谷驰弘等，2016）

在稻米的储藏过程中，脂肪特别是不饱和脂肪酸在环境作用及相关酶的影响下会发生酸变，最终导致稻米陈化，品质下降（Suzuki et al.，1996；Ramezanzadeh et al.，1999）。

14 水分含量与食味品质的关系是什么？

稻米籽粒中水分可分为游离水和结合水两种。游离水又称自由水，存在于细胞间和毛细管中，具有普通水的性质，参与籽粒生化反应。结合水又称胶体束缚水，主要存在于细胞内，与蛋白质等亲水胶体牢固结合在一起，性质较稳定。稻米水分对食味品质影响很大，自然含水量在9.5% ～ 18.5%范围内的稻米，食味品质随含水量的下降逐渐下降（李佳等，2019）。含水量低于14%时，米粒泡水时腹部急速吸水与背部产生水分偏差容易引起表面龟裂，淀粉粒涌出使米饭失去弹性。水分偏高（大于14%）能够使稻米中的亲水凝胶颗粒空间结构不被破坏，较好地保持品质，蒸煮米饭弹性较好，口感好。

含水量对稻米糊化特性也有影响，含水量较低时，峰值黏度较低，随着含水量升高，峰值黏度逐渐升高（袁道骥等，2019）。保证食味品质较好的稻米含水量范围为14.5% ～ 17%，高水分稻米食味品质虽好但不耐储藏（袁道骥等，2019；吕聪等，2019）。

水分含量与加工品质也有一定的关系。含水量在12.5% ～ 14.5%范围内的优质稻出糙率较高，整精米率较好；含水量超过15.5%后稻米黄粒米上升得比较快（袁道骥等，2019）。应从食味和储藏方面综合考虑稻米的含水量，在低温、二氧化碳气调等储藏方式下，含水量较高对食味品质更有利。

15 胶稠度与食味品质的关系是什么？

稻米的胶稠度是指米粉先加热糊化，然后在特定条件下冷却后米胶的延展长度（图1-10）。胶稠度是评价稻米食用品质和储藏品质的一项重要指标，按照长度分为三类：软胶稠度，米胶长度＞60毫米；中等胶稠度，米

图1-10 稻米胶稠度的测量

胶长度41～60毫米；硬胶稠度，米胶长度＜40毫米。一般来说，硬胶稠度的米饭冷却后，质地和口感差，有粗糙感，而软胶稠度的米饭冷却后仍保持松软、黏稠、有弹性（周治宝，2011）。行业标准（NY/T 593—2013）规定，我国二级以上优质籼米的胶稠度≥60毫米、优质粳米的胶稠度≥70毫米。

在一定范围内，提高稻米的胶稠度能够使米饭变软，从而能改善稻米的食味品质；但当胶稠度过软时米饭过黏，也会影响米饭的质地和口感。食味品质优良的稻米胶稠度应在80～90毫米。

16 糊化温度与食味品质的关系是什么？

稻米的糊化温度是指稻米淀粉粒在水中加热后发生不可逆的膨胀，丧失结晶特性的临界温度（肖鹏等，2010），它与米饭蒸煮所需的温度和时间有关，糊化温度高的稻米不易煮熟。煮饭的过程实际就是在加热后使米粒的含水量不断增加，水分子钻入直链淀粉和支链淀粉的分子网状结构之间并与之结合，使淀粉糊化的过程。水和热是稻米淀粉糊化所必需的条件。不同水稻品种的糊化温度一般分为高（＞74℃）、中（70～74℃）和低（＜70℃）三档。一般籼稻品种间的糊化温度差异较大，高、中、低三档均有，但由于育种家的定向选择，目前主栽品种多为中、低类型，少数为高糊化温度类型。大多数粳稻品种属于低糊化温度类型，少数为中糊化温度类型，很少有高糊化温度的粳稻品种。糯稻的糊化温度有高和低两种（肖鹏等，2010）（表1-3）。

表1-3 糊化温度与碱消值的对应关系

碱消值（级）	糊化温度	
	类型	范围（℃）
1～3	高	＞74
4～5	中	70～74
6～7	低	＜70

稻米在蒸煮时能否很好地糊化是获得好食味的先决条件。高糊化温度稻米蒸煮时需要更多的水分和更长的蒸煮时间。因此食味好的稻米一般表现为中低糊化温度。

目前，农业科研中稻米淀粉糊化温度的测定方法有直接测定和间接测定两种。直接测定方法是指通过差示扫描量热仪（DSC）、谷物快速黏滞性分析仪（RVA仪）和布拉本德黏度仪等仪器对淀粉加热而直接获取糊化温度数值的方法。差示扫描量热法可以得到淀粉成糊过程不同阶段的温度：起始糊化温度（To）、峰值糊化温度（Tp）和结束糊化温度（Tc），是一种对淀粉真实的糊化温度进行准确测定的方法（图1-11）。碱消值法属于简化的间接测定方法，是我国国家或行业标准中评估稻米品质的一项指定方法，具体操作为：将6粒整精米均匀放置在一个带盖的塑料方盒内，加入10毫升1.7%的氢氧化钾溶液，置于31℃恒温箱内23小时，根据米粒的消解状态对照分级标准，逐粒记载米粒被碱液消解的级别，消解程度越大、米粒碱消值越大，表明稻米的糊化温度越低，反之则越高（图1-12）。利用RVA仪得到的淀粉成糊温度往往比真实糊化温度高得多，尽管目前不少研究报道中将其作为稻米糊化温度进行样品间的相对比较，但是不建议直接定义为稻米糊化温度来使用。有学者认为可以利用RVA测定的稻米黏度起始位点（T_1），经过公式〔$11.84 \times (T_1 - 1) + 50$〕换算得出成糊温度，其与DSC测定的Tp更接近，能够更准确地预测稻米淀粉的糊化温度（胡培松，2007），但是这种方法往往需要肉眼观察确定RVA黏度曲线中黏度开始升高的点，误差较大。

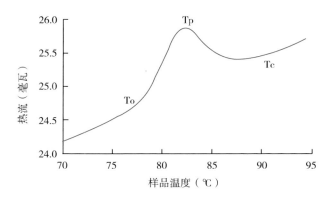

图 1-11 用 DSC 测定稻米糊化温度 To、Tp、Tc

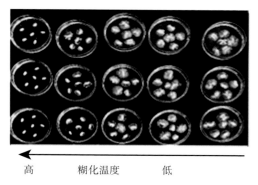

高　　　　糊化温度　　　　低

图 1-12　用碱消值法对稻米糊化温度进行测定

17　RVA值与食味品质的关系是什么?

RVA值又称淀粉黏滞性特征值,指稻米淀粉匀浆在加热、持续高温和冷却过程中黏度随之变化而形成的曲线。淀粉黏滞性特征值由快速黏度分析仪(RVA仪)测定,测定值包括5个一级参数最高黏度(peak viscosity, PKV)、热浆黏度(也叫最低黏度hot viscosity, HPV)、冷浆黏度(也叫最终黏度cool paste viscosity, CPV)、起浆温度(pasting temperature, PaT)、峰值时间(peak time, PeT)和3个二级参数崩解值(breakdown viscosity, BDV=PKV–HPV)、消减值(setback viscosity, SBV=CPV–PKV)和回复值(consistency viscosity, CSV=CPV–HPV)8个参数。RVA测定具有快速、简单、准确、重复性好、样品用量少等特点,并且测定条件模拟稻米蒸煮过程,得到的RVA谱特征值特别是崩解值、消减值和回复值能够较好地反映水稻品种间蒸煮食味品质的差异,近年来在稻米食味品质评价方面得到了广泛应用(贾良等,2008;张杰等,2017)。

RVA值与稻米理化指标值的变化显著相关,直接反映食味品质的优劣,可以用来判断稻米食味品质的高低。其中峰值黏度、崩解值和消减值在稻米食味品质评价中具有较高准确性(舒庆尧等,1998)。食味好的稻米一般具有较大的崩解值(≥100RVU)*和较小的消减值(≤25RVU,多数为负值),米饭质地

***

* 　RVU 为 RVA 黏度单位。

柔软、冷不回生、弹性好。而食味较差的稻米，崩解值较低（≤35RVU）、消减值较高（≥80RVU）（周治宝，2011）。食味品质优良的南粳46、南粳5055和南粳9108的崩解值一般在100RVU以上，消减值为负值，一般≤−500RVU（图1−13）。

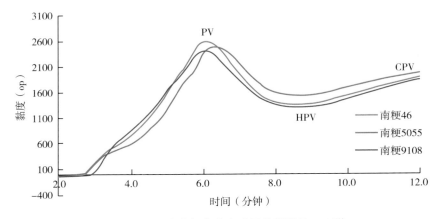

图 1-13　几个南粳优良食味品种稻米的 RVA 谱

18 米饭的质构特性与食味品质的关系是什么？

米饭质构特性是用质构仪（黏度硬度仪）进行测定的参数（图1−14）。质构仪又叫物性测试仪，其主要原理是模拟人的口腔咀嚼时的机械运动，对米饭样品进行两次挤压，获得质构参数，包括硬度、黏附性、最大黏附力、黏附伸长、弹性、内聚性、咀嚼性等指标（战旭梅等，2007）。国内外学者对利用质构仪测定米饭的质构特性开展了大量研究，对测定方法进行了探索，认为米饭质构特性与感官评价分高度相关，在一定程度上能够代表米饭的适口性，因此可对米饭食味作出间接比较和评价（张玉荣等，2009；常俊楠等，2020）。

稻米组成成分、蒸煮处理方法以及加工储存条件等均能影响米饭质构特性。淀粉与多个质构参数呈显著或极显著正相关；蛋白质与各质构参数相关性不大；水分与米饭的弹性呈显著相关；游离氨基酸与粘连性呈极显著负相关，与弹性负相关；脂肪与硬度呈显著负相关，与其他质构参数也呈负相关；长宽比主要与反映淀粉特性的质构参数呈显著相关（王鹏跃等，2016）。一般米饭黏度和弹性越高、硬度和凝聚性越低，适口性越好，黏度硬度比（平衡度）介于0.15～0.20时，适口性最好。

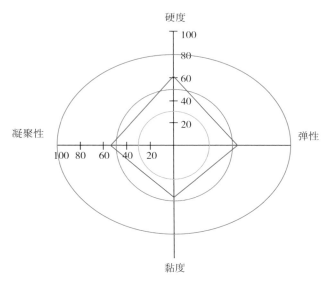

图1-14　米饭的质构特性测定

19　如何培育优良食味水稻品种?

品种是决定稻米食味品质的首要条件。影响品种食味品质好坏的因素主要有直链淀粉含量、蛋白质含量、胶稠度、RVA谱特征值等，其中直链淀粉含量是影响品种食味品质最重要的因素。但近年来的研究表明，支链淀粉的含量及其链长比例才是影响品种食味品质的重要原因。由于支链淀粉含量难以测定，通常用直链淀粉含量来估计支链淀粉含量。胶稠度、RVA谱特征值（淀粉在水中因加热和冷却而表现的糊化特性）主要与直链淀粉含量有关。蛋白质含量在品种间的差异较小，受栽培特别是氮肥施用数量和施用时期的影响较大。由此可见，直链淀粉含量是稻米食味品质改良的关键性状。

水稻的直链淀粉含量由第六染色体上的Wx基因控制，在籼稻和粳稻中具有不同的等位基因。籼稻中为Wx^a基因，直链淀粉含量一般在20%～30%；

粳稻中为 Wx^b 基因，直链淀粉含量一般在 15% ~ 20%；糯稻中为隐性基因 wx，直链淀粉含量在 2% 以下。还有一些 Wx 基因的突变体，如 Wx^{mp}、Wx^{mq}、Wx^{op}、Wx^{hp}、Wx^{in}、Wx^{mv}、Wx^{lv} 等，这些突变体的直链淀粉含量在隐性基因 wx 与其相对的显性基因 Wx^b 和 Wx^a 基因之间。研究发现，日本优质水稻品种越光经化学诱变获得的突变体 Wx^{mp} 和 Wx^{mq} 的直链淀粉含量在 10% 左右，其米饭表面光泽透亮，综合了糯米的柔软性和粳米的弹性，食味品质较好，符合长三角地区居民的口感需求。

因此，江苏省农业科学院粮食作物研究所确定 Wx^{mp} 作为江苏粳稻食味品质改良的关键基因，以含有 Wx^{mp} 基因的"关东 194"与江苏高产品种"武香粳14"杂交，利用分子标记进行辅助选择，将优良食味、高产、抗病等基因结合，经过南繁北育和食味品质筛选，于 2007 年育成第一个优良食味粳稻品种"南粳 46"，于 2008 年和 2009 年通过江苏、上海审定。该品种食味品质出色，属于中熟晚粳稻，全生育期 165 天，适合在江苏省苏州、无锡等苏南地区和上海市种植。在江苏省第一届和第二届粳稻优质米品尝会上均获得第一名，被誉为"江苏省最好吃的大米"。此后又多次获得江苏省和全国优质米评比第一名和"金奖大米"等荣誉称号。2016 年在日本与越光大米同台评比获得"最优秀奖"。2019 年，在农业农村部组织的第二届全国优质稻品种食味品质鉴评中获得金奖，且在粳稻组排名第一位。

2011 年江苏省农科院又在关东 194 与武粳 13 的杂交组合中，培育出适合在江苏省沿江和苏南地区种植的早熟晚粳稻新品种南粳 5055。2013 年，在关东 194 与武香粳 14 的杂交组合中，培育出迟熟中粳稻新品种南粳 9108。这两个品种的育成，使优良食味粳稻品种的种植区域，从苏南地区向北推进到苏中地区，不仅食味品质优，而且产量高，百亩方平均亩产达到 800 千克以上，分别于 2013 年和 2015 年被农业农村部确认为"超级稻"。

为了满足淮北地区农民对优良食味粳稻新品种的需求，又连续培育出生育期更短的中熟中粳型新品种南粳 58、南粳 505、南粳 2728、南粳 5718 和南粳 7718，适合在沿江和苏南地区种植的早熟晚粳型优良食味粳稻新品种南粳 3908、南粳晶谷和南粳 56，适合淮南、苏中和宁镇扬丘陵地区的迟熟中粳稻新品种南粳 9036。在 2020 年江苏省首届优质稻品种食味品质评鉴会上，南粳 5718 和南粳晶谷获得特等奖，南粳 3908 获得金奖。在 2019 年和 2020 年农业农村部科技教育司委托的超级稻测产中，南粳 5718、南粳晶谷和南粳 3908 的百亩方测产结果均超过农业农村部规定的"超级稻"产量指标。

南粳系列品种的育成，实现了江苏省优良食味粳稻品种全覆盖的战略布局（表 1-4），引领了灌浆期间温度较高的长江中下游地区优良食味品种的选育方向。目前，江苏省各育种单位利用南粳系列软米品种和其他低直链淀粉含量的突变基因成功培育了 20 多个新的软米品种，预计今后几年即将审定的软米品种更多。

表 1-4 南粳系列优良食味粳稻品种的适宜种植地区

品种	全生育期（天）	类型	适宜地区
南粳 58	140～142	中熟中粳	淮北、山东、河南
南粳 505	142～145		
南粳 2728	145～148		
南粳 7718	145～148		
南粳 5718	148～150		
南粳 9108	150～155	迟熟中粳	淮南、苏中和宁镇扬丘陵地区
南粳 9036	150～155		
南粳 5055	155～160	早熟晚粳	沿江和苏南地区
南粳 3908			
南粳晶谷			
南粳 46	165～170	中熟晚粳	苏南、上海、浙江

第二章

优良食味粳稻品种

 适合江苏省种植的优良食味粳稻品种有哪些？

目前通过审（认）定或引种备案至江苏的优良食味粳稻品种主要有：

南粳46〔苏审稻200814、沪农品审水稻（2009）第003号〕、南粳5055（苏审稻201114）、南粳3908（苏审稻20180012）、南粳晶谷（苏审稻20190013）、南粳9108（苏审稻201306）、南粳5718（苏审稻20190004）、南粳2728（苏审稻20180005）、南粳505〔（苏）引种（2018）第053号〕、南粳58（苏审稻20190007）、南粳9036（苏审稻20200039）、南粳7718（苏审稻20200038）、南粳56（苏审稻20200025）、南粳5626（苏审稻20200011）、苏香粳3号〔苏审（委）稻201001号〕、早香粳1号（苏审稻20190023）、苏香粳100〔苏审（委）稻201501号〕、徐稻9号（国审稻2015049）、宁粳8号（苏审稻201609）、宁香粳9号（苏审稻20200027）、丰粳1606（苏审稻20190012）、扬农香28（苏审稻20200019）、武香粳113（苏审稻20200040）、金香玉1号（苏审稻20200042）、常香粳1813（苏审稻20200045）、泗稻301（苏审稻20200016）、嘉58〔（苏）引种〔2017〕第001号〕、长农粳1号〔（苏）引种（2019）第047号〕、沪软1212〔（苏）引种（2020）第039号〕、银香38〔（苏）引种（2020）第033号〕等。

21 **适合江苏省沿江及苏南地区种植的优良食味粳稻品种有哪些？**

适合沿江及苏南地区种植的优良食味粳稻品种为晚粳稻类型，目前主要有两类：中熟晚粳稻南粳46、苏香粳100、嘉58；早熟晚粳稻南粳5055、南粳3908、南粳晶谷、宁粳8号、宁香粳9号、常香粳1813、南粳56、银香38、长农粳1号、沪软1212等。

适合江苏省苏中及宁镇扬丘陵地区种植的优良食味粳稻品种有哪些？

适合苏中及宁镇扬丘陵地区种植的优良食味粳稻品种为迟熟中粳稻类型，目前主要有南粳9108、南粳9036、丰粳1606、扬农香28、武香粳113、金香玉1号、泗稻301等。

23 适合江苏省淮北地区种植的优良食味粳稻品种有哪些？

适合淮北地区种植的优良食味粳稻品种为中熟中粳稻类型，主要有南粳58、南粳505、南粳5718、南粳2728、南粳7718、苏香粳3号、早香粳1号、徐稻9号、南粳5626等。

24 适合江苏省种植的优良食味籼稻品种有哪些？

适合江苏省种植的优良食味籼稻品种主要有丰优香占、Y两优900、徽两优898、晶两优1212、荃两优丝苗、晶两优黄莉占、晶两优1468、C两优396、Y两优1998、徽两优粤农丝苗等。

25 如何选择好品种？

好品种是指好种、好吃、好卖的"三好"品种。好种就是要稳产高产、抗病性强、适应性广；好吃就是要食味品质好；好卖就是要外观品质好、出米率高、商品性好。目前，水稻品种井喷，绝大部分品种雷同，没有突出缺点，也没有突出优点，缺少突破性重大品种，为广大农户选择品种增加了难度。因此，农户首先要了解品种，一是看品种审定公告和育种者的品种选育报告，二是向专家和当地农技推广部门咨询。有条件的种植户可以先少量引进试种，切忌盲目大面积引进种植。

选择好品种的总体原则是选择通过审定、受市场欢迎、适销对路的优质高产品种。因此，选择品种必须要了解品种的特性，特别注重品种的品质、抗性、熟期和适应性。具体要求是：第一，选择市场畅销、百姓欢迎的优质品种，特别是食味品质优良的水稻品种；第二，要关注品种的抗病性和抗逆性，当前要特别重视稻瘟病的抗性，兼顾白叶枯病、纹枯病、稻曲病抗性和耐高、低温的能力；第三，要重视熟期和适应性，根据种植区域选择适宜的生态类型；同一生态区内，选择适合当地条件和茬口安排的品种；同类型品种在品质、抗性和产量相当时，尽量选择熟期早、灌浆速度快、易种易管、适合多种轻简栽培方式的品种。购买种子时要选择正宗包装和正规经销商代理的品种。

26 南粳46的主要特征特性及因种保优栽培要点是什么？

南粳46属软米品种，有香味，江苏省农业科学院粮食作物研究所育成，2008年通过江苏省审定，2009年通过上海市审定。南粳46生育期较长，约165天左右，株高约110厘米，千粒重25～26克；植株生长清秀，叶色淡绿，灌浆速度快，熟相较好，株型紧凑，分蘖力中等偏强，穗型较大，直立穗型。抗条纹叶枯病，中抗白叶枯病，感穗颈瘟和纹枯病。南粳46稻米米质理化指标达国家二级优质稻谷标准，米饭晶莹剔透，口感柔软滑润，富有弹性，冷后不硬，食味品质极佳，被誉为江苏省"最好吃的大米"，荣获第二届全国优质稻品种食味品质评鉴金奖，并在粳稻组排名第一。2016年参加中日优质粳稻食味评鉴荣获最优秀奖，在2018年第二届中国（三亚）国际水稻论坛上被评为最受喜爱的十大优质稻米品种，2019年荣获第二届全国优质稻品种食味品质鉴评金奖（粳稻组排名第一）。2020年1月荣获江苏优质稻品种食味品质评鉴会特等奖，在首届中国"好米榜"评选中荣获1个"超级好吃"五星级品牌奖和3个"非常好吃"四星级品牌奖（图2-1）。

图 2-1　南粳 46 的田间长势和品质获奖证书

　　南粳46一直被江苏省农业农村厅列为主导品种，其优异的食味品质和良好的丰产性深受老百姓喜爱，已成为长三角地区高档优质米打造的首选品种，累计推广种植600多万亩。众多稻米生产企业以南粳46为原粮进行优质稻米订单生产，每千克至少加价0.2元收购。南粳46不仅是江苏"苏米"省域公用品牌的核心品种，也是南京市"金陵味道"地产优质稻米、江南味道"苏州大米""无锡大米"等区域公用品牌订单种植首选的原粮品种，打造了"苏垦""道好""晶润"等一批南粳46大米品牌在南京、苏州、上海等多地超市销售，为江苏省优质稻米产业发展和农业供给侧结构性改革作出了重要贡献。

　　南粳46属于中熟晚粳，仅适合在苏州、无锡等地种植，实施休耕轮作的苏南其他地区也可以搭配种植，并适当早播。淮北地区适宜种植中熟中粳品种，不建议种植南粳46，风险较大。由于南粳46生育期较长，沿江和苏南地区最好在4月底至5月初落谷，最迟不能超过5月中旬，播种量每盘干种子120～130克。每亩施纯氮约18千克，其中复合肥使用比例在50%以上，高档优质米开发要增加施用锌硅肥，基肥、分蘖肥、穗肥的比例为4∶4∶2，穗肥主要用作促花肥。播前用药剂浸种预防恶苗病和干尖线虫病等种传病害，秧田期和大田期注意灰飞虱、稻蓟马的防治，中、后期要综合防治纹枯病、三化螟、稻纵卷叶螟、稻飞虱等。特别要注意穗颈瘟的防治，重点把握好破口前5～7天、破口期和齐穗期3次防治的时间。

(27) 南粳5055的主要特征特性及因种保优栽培要点是什么？

南粳5055属软米品种，无香味，由江苏省农业科学院粮食作物研究所育成，2011年通过江苏省审定，2017年通过上海市引种备案，2018年通过安徽省引种备案，适宜江苏省沿江及苏南地区、上海市和安徽省沿江江南单季晚粳稻地区种植。南粳5055为早熟晚粳稻品种，全生育期160天左右，千粒重24～25克，株高95～100厘米，生产试验平均亩产637.7千克。株型紧凑，长势较旺，分蘖力较强，叶色较深，群体整齐度较好，穗型中等，偏直立，着粒较密，抗倒性强。感穗颈瘟，中感白叶枯病、纹枯病、条纹叶枯病。米质理化指标检测：整精米率71.4%，垩白粒率10.0%，垩白度0.8%，胶稠度87.0毫米，直链淀粉含量10.1%，食味优良。

南粳5055是南粳系列优良食味粳稻品种家族中的第二个成员，其米饭软糯可口，冷而不硬，食味品质极佳。在2010年江苏省粳稻优质米食味评比中荣获第一名。2011年在"第六届全国粳稻米大会"上被评为全国"优质食味粳米"。2011年和2012年在第十届和第十一届中国优质稻米博览交易会上分别获得"金奖大米"和"优质稻品"称号。2013年在首届江苏好品种评选活动——粳稻优质米品尝评比中荣获金奖。2016—2019年屡次被评为金奖大米，是江苏、上海、安徽、浙江地区优质品牌大米开发的核心品种之一。

南粳5055不仅稻米食味品质优，而且产量潜力高，2012年10月31日，农业部组织省内外专家对洪泽湖农场南粳5055进行测产验收，243亩平均亩产819.3千克。2013年11月6日，受农业部科教司委托，江苏省农业委员会组织水稻育种、栽培、推广等领域专家组成测产专家组，对兴化市钓鱼镇钓鱼村种植的南粳5055进行实割测产验收，220亩示范方平均亩产836.2千克，连续两年超过了农业部规定的亩产780千克的超级稻产量指标，2014年被农业部认定为"超级稻"。多年来，各示范种植区实收亩产750千克以上的南粳5055高产示范方不断涌现。因其优异的食味品质和丰产性，南粳5055审定以后一直是江苏省主推品种。据江苏省种子管理站统计数据显示，从2011年至今，南粳5055年种植面积保持在150万亩以上，且持续稳定上升，近几年的年种植面积超过250万亩，累计种植面积2000多万亩，为全省稻米产业提质增效提供了有力支撑（图2-2）。

图2-2　南粳5055的田间长势、品质获奖证书和稻米包装

南粳5055粒型偏小，可适当降低播种量，湿润育秧每亩净秧板播种量约25千克，旱育秧每亩净秧板播种量约35千克，机插秧每亩大田用种量3～4千克，每盘干种子播种一般110～120克。该品种耐肥抗倒，产量潜力高，叶色深，不易落黄，需适当增加施肥量，掌握"前重、中稳、后补"的原则，早施分蘖肥，拔节期稳施氮肥，增施磷钾肥，后期看苗补施穗肥。每亩施纯氮约20千克，其中复合肥使用比例在50%以上，按计划定时足量施肥，基肥、分

蘖肥、穗肥的比例为4：3：3。为保持该品种的优质食味，宜少施氮肥，多施有机肥，特别是后期尽量不施氮肥。播种前用药剂浸种预防恶苗病和干尖线虫病等种传病害，秧田期和大田期注意灰飞虱、稻蓟马等的防治，中、后期要综合防治纹枯病、螟虫、稻纵卷叶螟、稻飞虱等，注意穗颈瘟、白叶枯病的防治，加强穗颈瘟和稻曲病防治。

28 南粳3908的主要特征特性及因种保优栽培要点是什么？

南粳3908属软米品种，无香味，江苏省农业科学院粮食作物研究所和江苏明天种业科技股份有限公司合作育成，2018年通过江苏省审定，2019年通过安徽省引种备案。南粳3908来源于南粳5055自然变异单株，保留了南粳5055的优良食味特性，千粒重约28.3克，株高99.1厘米，全生育期158.0天，生产试验平均亩产650.8千克。株型紧凑，分蘖力中等偏上，群体整齐度好，抗倒性强，穗型大，叶色中绿，叶姿挺，成熟期转色好，丰产性好。中感稻瘟病，感白叶枯病，感纹枯病，条纹叶枯病抗性5级。米饭晶莹剔透，冷而不硬，口感柔软韧滑，富有弹性，直链淀粉含量10.1%，食味品质优良。2018—2019年在寻找江苏省最好吃的大米暨第四届、第五届江苏百姓品米节优质大米评比中，南粳3908均获得特等奖，2020年1月在江苏省优质稻品种食味品质评鉴会上荣获金奖（图2-3）。该品种适宜在江苏省沿江及苏南地区、安徽省沿江及江南单季晚粳稻地区种植。

图2-3　南粳3908的田间长势和品质获奖证书

南粳3908丰产性好，穗颈瘟抗性得到改良，产量潜力大。2019年11月8日，农业农村部组织专家对丹阳市陵口镇的南粳3908百亩方进行了实产验收，平均亩产873.9千克。2020年11月1日，受农业农村部科教司委托，江苏省农业农村厅组织省内外专家对姜堰区三水街道西查村的南粳3908百亩示范方进行现场测产，平均亩产781.4千克，两年百亩方测产结果均超过农业农村部规定的"超级稻"产量指标。

南粳3908穗大粒大，需适当增加播种量，一般每盘干种子130～140克，湿润育秧每亩净秧板播种量约25千克，旱育秧每亩净秧板播种量约35千克，机插秧每亩用种量3～4千克。每亩大田施纯氮18～20千克，其中复合肥施用比例50%以上，基肥、分蘖肥、穗肥的比例为4：3：3，穗肥分促花肥和保花肥两次施用，为保持品种的优质食味，宜少施氮肥，多施有机肥，特别是后期尽量不施氮肥。后期要注意养根保叶提高粒重。播前用药剂浸种预防恶苗病和干尖线虫病等种传病害，秧田期和大田期注意灰飞虱、稻蓟马等的防治，中、后期要综合防治纹枯病、螟虫、稻纵卷叶螟、稻飞虱等，尤其要注意稻瘟病、白叶枯病和稻曲病的防治。

29 南粳晶谷的主要特征特性及因种保优栽培要点是什么？

南粳晶谷属软米品种，无香味，由江苏省农业科学院粮食作物研究所和江苏神农大丰种业科技有限公司合作育成，2019年通过江苏省审定，适宜在江苏省沿江及苏南地区种植。南粳晶谷千粒重26.5克，株高96.8厘米，全生育期160天，生产试验平均亩产679.3千克，株型紧凑，分蘖力中等偏上，群体整齐度好，抗倒性强，穗型大，叶色中绿，叶姿挺，成熟期转色好。中感稻瘟病，中感白叶枯病，抗纹枯病，中感条纹叶枯病。米质理化指标根据农业农村部食品质量监督检验测试中心（武汉）2018年检测：整精米率73.2%，垩白粒率23%，垩白度5%，胶稠度78毫米，直链淀粉含量10%，食味品质出色，稻米外观较透明。2020年，在第四届"华西村杯"江苏好大米评鉴推介会和江苏省优质稻品种食味品质评鉴会上，南粳晶谷均获得特等奖（图2-4）。

图2-4　南粳晶谷的田间长势、获奖证书和种子包装袋

南粳晶谷不仅食味品质优、抗性强，而且丰产性好、产量潜力大，一般亩产约650千克，高产田块可达750千克以上。2017—2018年，在张家港、常熟、江阴、武进、溧阳、溧水、南京和南通等地示范种植，表现长势清秀，熟相好，食味品质优，丰产性好。2019年11月，农业农村部组织专家对丹阳市延陵镇的南粳晶谷百亩方进行现场测产验收，平均亩产867.5千克。2020年10月31日，受农业农村部科教司委托，江苏省农业农村厅组织省内外专家对溧阳市竹箦镇濑阳村的南粳晶谷百亩示范方进行现场测产，平均亩产857.8千克，两年百亩方测产结果均超过农业农村部规定的"超级稻"产量指标。南粳晶谷的成功选育进一步丰富了江苏沿江和苏南地区优良食味品种类型，具有广阔的推广应用前景。

南粳晶谷耐肥抗倒，播种量每盘干种子120～130克，湿润育秧每亩播量25～30千克，旱育秧每亩播量35～40千克，机插毯苗塑盘育秧每亩大田用种量3～4千克。每亩施纯氮18～20千克，其中复合肥使用比例50%以上，基肥、分蘖肥、穗肥的比例为4∶3∶3，穗肥以促花肥为主，强化磷钾肥和有机肥的配合施用，宜少施氮肥，多施有机肥，特别是后期尽量少施氮肥。后期注意养根保叶提高千粒重。播种前用药剂浸种，防治恶苗病和干尖线虫病等种传病虫害；秧田期防治稻蓟马、灰飞虱等；中后期绿色防控二化螟、大螟、稻纵卷叶螟、稻飞虱，纹枯病、稻曲病和稻瘟病等。

30　南粳56的主要特征特性及因种保优栽培要点是什么？

南粳56属软米品种，由江苏省农业科学院粮食作物研究所育成，2020年通过江苏省审定。早熟晚粳稻，全生育期159.7天，千粒重25.9克，株高99.4厘米，生产试验平均亩产763.7千克。株型紧凑，分蘖力强，群体整齐度好，茎秆弹性好，抗倒性强，穗型大，半弯型，叶色中绿，叶姿挺，谷粒饱满（图2-5）。中感稻瘟病、白叶枯病和条纹叶枯病，抗纹枯病。米质理化指标检测：整精米率73.2%，垩白粒率18.0%，垩白度5.4%，胶稠度88毫米，直链淀粉含量11.8%，长宽比1.9，适合江苏沿江及苏南晚粳稻地区种植。

图 2-5　南粳 56 的田间长势

南粳56一般5月中下旬播种，湿润育秧每亩净秧板播种量约25千克，旱育秧每亩净秧板播种量约35千克，塑盘育秧播种量每盘干种子120～130克。每亩施纯氮约18千克，其中复合肥使用比例在50%以上，早施分蘖肥，拔节期稳施氮肥，增施磷钾肥，后期看苗补施穗肥，基肥、分蘖肥、穗肥的比例为4∶3∶3，穗肥分促花肥和保花肥两次施用。为保持该品种的优良食味品质，宜少施氮肥，多施有机肥，特别是后期尽量不施氮肥。播前用药剂浸种或包衣预防恶苗病和干尖线虫病等种传病害，苗期注意防治灰飞虱、稻蓟马等，中、后期要综合防治纹枯病、螟虫、稻纵卷叶螟、稻飞虱等，注意穗颈瘟和稻曲病的防治。

 南粳9108的主要特征特性及因种保优栽培要点是什么?

南粳9108属软米品种，有香味，由江苏省农业科学院粮食作物研究所育成，2013年通过江苏省审定，2017年通过上海市引种认定。全生育期153天，千粒重26.4克，株高96.4厘米，生产试验平均亩产652.1千克。株型紧凑，长势较旺，分蘖力较强，叶色淡绿，叶姿较挺，抗倒性较强，后期熟相好。感穗颈瘟，中感白叶枯病，高感纹枯病，抗条纹叶枯病。米质理化指标检测：整精米率74.1%，垩白粒率10.0%，垩白度3.1%，胶稠度90毫米，直链淀粉含量14.5%，适宜在江苏省苏中及宁镇扬丘陵地区和上海市种植。

南粳9108稻米食味品种优，多次荣获食味品评会金奖等各种称号，是苏中地区优质稻米产业的主推品种。在2013年第四届江苏粳稻优质米食味品尝活动中，南粳9108荣膺15个参评品种之首，获得一等奖。2013年8月，在长春召开的第十一届粳稻发展论坛暨全国优良食味粳稻品评会上获得一等奖。2013年，在首届江苏好品种评选活动——粳稻优质米品尝评比中荣获金奖。2019年4月，在第二届全国优质稻品种食味品质鉴评中荣获金奖。2020年1月，在江苏省优质稻品种食味品质评鉴会上荣获特等奖，在首届中国"好米榜"评选中荣获1个"超级好吃"五星级品牌奖和3个"非常好吃"四星级品牌奖（图2-6）。

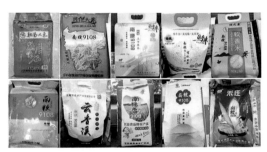

图2-6 南粳9108的田间长势、品质获奖证书和优质稻米产业化开发

南粳9108不仅稻米食味品质优，而且产量潜力高。2013年和2014年，农

业部组织专家对高邮257亩、兴化130亩南粳9108进行实产验收，平均亩产分别为818.7千克和802.2千克，两年均达到了农业部规定的长江中下游地区一季粳稻"超级稻"亩产780千克的产量指标，2015年被农业部确认为超级稻。因其优异的食味品质和丰产性，南粳9108深受广大种植户和米业企业的喜爱，兴化大米、射阳大米、淮安大米、建湖大米、海安大米、姜堰大米、阜宁大米等地产大米品牌均以南粳9108作为原粮品种。审定以来一直被列入江苏省主推品种，2016年被农业部列为长江中下游主导品种。据江苏省种子管理站统计数据显示，2014年南粳9108第一年大面积推广种植面积就超过百万亩，且增长迅速，2016年超过500万亩，2019年超过600万亩，成为全省单一品种年种植面积最大的水稻品种，累计种植面积超过3000万亩。为助推乡村振兴，带动农业增效、农民增收，提升"苏米"产业升级奠定了良好的基础。

南粳9108机插栽培的播种量每盘干种子110～130克，栽足基本苗，早施分蘖肥促早发。每亩施纯氮约18千克，其中复合肥使用比例50%以上，作高档优质米开发要增加施用锌硅肥，基肥、分蘖肥、穗肥的比例为4：3：3或4：4：2，穗肥主要用作促花肥，尽量不施保花肥。在病虫害防治方面需要特别注意穗颈瘟和稻曲病的适时防治，重点把握好破口前5～7天、破口期和齐穗期3次防治时间。加强苗瘟、叶瘟和纹枯病的防治。

32　南粳9036的主要特征特性及因种保优栽培要点是什么？

南粳9036属软米品种，有香味，由江苏省农业科学院粮食作物研究所、江苏金运农业科技发展有限公司共同育成，2020年通过江苏省审定。株高97.0厘米，千粒重26.6克，全生育期与淮稻5号相当，生产试验平均亩产691千克。株型紧凑，长势较旺，成穗率高，群体整齐度好，抗倒性较强，穗型较大，叶色深绿，叶姿较挺，后期熟相好（图2-7）。穗颈瘟损失率3级，稻瘟病综合抗性指数4.75，中感稻瘟病、白叶枯病，感纹枯病，抗条纹叶枯病。米质理化指标检测：整精米率75.2%，垩白粒率18.0%，垩白度5.8%，胶稠度87毫米，直链淀粉含量12.0%，长宽比1.7。适合在江苏省苏中及宁镇扬丘陵迟熟中粳稻地区种植。

图 2-7　南粳 9036 的田间长势

南粳9036一般5月中下旬播种，湿润育秧每亩播量25～30千克，旱育秧每亩播量35～40千克，塑盘机插毯苗育秧每盘120～130克，大田用种量每亩3～4千克。一般亩施纯氮约18千克，肥料运筹上采取"前重、中控、后补"的原则，并重视磷钾肥和有机肥的配合施用，基蘖肥与穗肥比例以7∶3为宜。为保持该品种的优良食味品质，宜少施氮肥，多施有机肥，特别是后期尽量不施氮肥。加强搁田、增施钾肥防止倒伏，后期注意养根保叶，提高千粒重。播种前用药剂浸种防治恶苗病和干尖线虫病等种传病虫害。苗期防治稻蓟马、灰飞虱等，中后期综合防治二化螟、大螟、稻纵卷叶螟、稻飞虱，纹枯病、稻曲病和稻瘟病等。

33 南粳2728的主要特征特性及因种保优栽培要点是什么？

南粳2728属多穗稳产型软米品种，无香味，由江苏省农业科学院粮食作物研究所、江苏大丰华丰种业有限公司共同育成，2018年通过江苏省审定，2019年通过安徽省引种备案。南粳2728属中熟中粳稻品种，全生育期150天，千粒重27.2克，株高101.4厘米，株型紧凑，长势较旺，分蘖力强，成穗率高，群体整齐度好，抗倒性较强，穗型中等，叶色绿，叶姿较挺，后期熟相好。稻瘟病损失率5级、稻瘟病综合抗性指数4.5，中感白叶枯病，感纹枯病，中感条纹叶枯病。米质理化指标检测：整精米率69.7%，垩白粒率20.0%，垩白度4.9%，胶稠度90.0毫米，直链淀粉含量10.5%，米质较优。2017年在"连天下"第二届连云港优质稻米品鉴会中荣获金奖；2018年在第二届江苏优质稻米博览会"江苏好大米"评选中荣获金奖，在2019寻找江苏最好吃的大米暨第五届江苏百姓品米节优质大米评比中获特等奖，2020年1月在江苏省优质稻品种食味品质评鉴会上荣获金奖（图2-8）。

图2-8 南粳2728的田间长势和稻米品质获奖证书

南粳2728丰产稳产性好，适应性强，适宜多种轻简栽培方式。一般亩产约650千克，高产田块可达700千克以上。2016—2017年在泗洪、泗阳、宿迁、睢宁、丰县、邳州、铜山建湖等地示范种植，平均亩产达681.2千克，其中2017年在东海县平明镇的百亩示范方经江苏省农委组织的专家组验收，平均亩产达到709.7千克，表现出较高的产量潜力。南粳2728的成功选育填补了江苏淮北地区缺乏优良食味粳稻品种的空白，在江苏和安徽淮北地区具有广阔的推广应用前景。

南粳2728易种好管、稳产性好，湿润育秧每亩播量25～30千克，旱育秧每亩播量35～40千克，塑盘机插毯苗育秧每盘干种子120～130克，适当降低氮肥用量，每亩施纯氮16～18千克，其中复合肥使用比例50%以上，基肥、分蘖肥、穗肥的比例为4：4：2，穗肥分促花肥和保花肥两次施用，重视磷钾肥和有机肥的配合施用。加强纹枯病防治，注意穗颈瘟和稻曲病防治。播种前用药剂浸种防治恶苗病和干尖线虫病等种传病虫害，秧田期防治稻蓟马、灰飞虱等，中后期综合防治二化螟、大螟、稻纵卷叶螟、稻飞虱，纹枯病、稻曲病和稻瘟病等，尤其要注意稻瘟病的防治。

南粳505的主要特征特性及因种保优栽培要点是什么?

南粳505属大穗高产型软米品种，无香味，由江苏省农业科学院粮食作物研究所育成，2017年通过山东省审定，2018年通过江苏省引种备案，2019年通过安徽省引种备案。南粳505千粒重27.9克，株高98.8厘米。全生育期146.2天，株型紧凑，分蘖力和成穗率较高，叶色浓绿，剑叶短宽，穗型大，偏弯穗，后期转色好。中感穗颈瘟、白叶枯病和条纹叶枯病，抗纹枯病。米质理化指标检测：稻谷糙米率83.2%，整精米率69.3%，长宽比1.7，垩白粒率43.5%，垩白度9.3%，胶稠度77毫米，直链淀粉含量10.3%，食味品质较好，适宜江苏省和安徽省淮北地区、鲁南、鲁西南麦茬稻区及东营稻区种植。

南粳505具有熟期早，食味品质优，大穗大粒，产量潜力大的优点，在山东省3年中间试验中产量均排名第一，比对照增产极显著。在2018寻找江苏最好吃的大米暨第四届江苏百姓品米节优质大米评比中获得特等奖。该品种的成功选育进一步扩大了优良食味粳稻的适宜种植区域，使黄淮海稻区也有了适宜种植的优良食味粳稻品种（图2-9）。

图2-9　南粳505的田间长势和品质获奖证书

南粳505穗型较大、千粒重较高，需适当增加播种量，播种量每盘干种子120～140克，每亩施纯氮约18千克，其中复合肥施用比例50%以上，基肥、分蘖肥、穗肥的比例为4∶3∶3，穗肥主要用作促花肥。病虫害防治方面对稻瘟病抗性差，需要特别注意穗颈瘟的适时防治，重点把握好破口期和齐穗期2次穗颈瘟防治时间，加强苗瘟、叶瘟的防治。

35 南粳5718的主要特征特性及因种保优栽培要点是什么？

南粳5718属软米品种，无香味，由江苏省农业科学院粮食作物研究所和江苏神农大丰种业科技有限公司合作育成，2019年通过江苏省审定。中熟中粳稻，全生育期147.9天，千粒重28.8克，株高102.6厘米，生产试验平均亩产689.1千克。叶色深绿，叶姿略披，苗体矮壮，抽穗后叶片挺立、株型紧凑，植株生长清秀，后期转色快，熟相好。中感稻瘟病、白叶枯病、条纹叶枯病，抗纹枯病。米质理化指标检测：整精米率68.8%，垩白粒率31.0%，垩白度6.8%，胶稠度90毫米，直链淀粉含量10%，米质较优。在2019寻找江苏最好吃的大米暨第五届江苏百姓品米节优质大米评比获得特等奖；2020年1月，在第四届"华西村杯"江苏好大米评鉴推介会上获得金奖，在江苏省优质稻品种食味品质评鉴会上获得特等奖，在首届中国好米榜评选活动中获得五星大奖（最高奖），适宜在江苏省淮北地区种植（图2-10）。

图 2-10　南粳 5718 的田间长势和品质获奖证书

南粳5718除了食味品质好以外，最突出的优点是其茎秆粗壮、抗倒性极强、特别适宜稻虾共作等综合种养模式，而且穗型大、千粒重高、产量潜力大。2019年11月2日，农业农村部超级稻验收专家组对盐都区郭猛镇护陇村的南粳5718百亩示范方进行现场测产，平均亩产887.7千克。2020年10月31日，受农业农村部科技教育司委托，江苏省农业农村厅组织省内外专家对射阳县新洋农场的南粳5718百亩示范方进行现场测产，平均亩产792.5千克，两年百亩方测产结果均超过农业农村部规定的"超级稻"产量指标。南粳5718的成功选育丰富了江苏省淮北地区优良食味粳稻种植的品种需求，尤其是为全省稻虾共作等综合种养提供了食味品质优、抗倒性强、产量高的优良食味粳稻品种，具有广阔的应用前景。

南粳5718中大苗手插秧一般5月上中旬播种，小苗机插5月中下旬播种。湿润育秧每亩播种量25～30千克，旱育秧每亩播种量35～40千克，塑盘毯苗机插育秧每盘干种子120～140克，大田用种量每亩3～4千克。机插秧每亩秧田播种量250～350千克（折每亩大田播种量3～3.5千克）。栽足基本苗，早施分蘖肥促早发，每亩施纯氮约20千克，其中复合肥施用比例50%以上，基肥、分蘖肥、穗肥的比例为4∶3∶3或3∶3∶4，穗肥分促花肥和保花肥两次施用。播种前用药剂浸种防治恶苗病和干尖线虫病等种传病虫害。秧田期防治稻蓟马、灰飞虱等，中后期综合防治二化螟、大螟、稻纵卷叶螟、稻飞虱，纹枯病等，加强稻瘟病和稻曲病的防治。

36 南粳58的主要特征特性及因种保优栽培要点是什么？

南粳58属软米品种，有香味，中熟中粳稻，由江苏省农业科学院粮食作物研究所育成，2019年通过江苏省审定。株高100.6厘米，全生育期142.2天，千粒重26.2克，生产试验平均亩产656.1千克。株型较紧凑，分蘖力较强，生产势较旺，叶色中绿，叶姿较挺，成熟期转色好，灌浆速度快。中感穗颈瘟、白叶枯病和条纹叶枯病，抗纹枯病。米质理化指标检测：糙米率84.4%，精米率72.6%，整精米率68.6%，胶稠度78毫米，直链淀粉含量11.1%，为优良食味品种，适宜在江苏省淮北地区种植。南粳58在2019年获得首届优质稻米品鉴"海州湾好大米"水稻品种称号，在宿迁市第二届"宿有千香"优质稻米品鉴中被评为"宿迁水稻好品种"。在2019寻找江苏最好吃的大米暨第五届江苏百姓品米节优质大米评比中获得特等奖，在2020年首届中国"好米榜"评比活动中获得"非常好吃"四星大奖（图2-11）。

图 2-11　南粳 58 的田间长势和品质获奖证书

　　南粳58手插秧一般在5月上中旬播种，机插5月中下旬播种，湿润育秧每亩播种量25～30千克，旱育秧每亩播种量35～40千克，塑盘毯苗机插育秧每盘干种子120～130克，大田用种量每亩3～4千克。南粳58属于多穗型品种，生产上适当降低氮肥用量，每亩施纯氮16～18千克，其中复合肥施用比例在50%以上。用作高档优质米开发时要注意增加施用锌硅肥，基肥、分蘖肥、穗肥的比例为4：4：2，穗肥主要用作促花肥，尽量不施保花肥。该品种植株偏高，要注意防止倒伏，需加强水浆管理、增施硅钾肥，增强抗倒性，有条件的地区可以采用化控降低株高防倒伏。加强纹枯病防治，注意穗颈瘟和稻曲病防治。

南粳7718的主要特征特性及因种保优栽培要点是什么？

南粳7718属软米品种，无香味，由江苏省农业科学院粮食作物研究所、江苏金色农业股份有限公司合作育成，2020年通过江苏省审定。千粒重27.7克，株高100.3厘米，全生育期146.3天，生产试验平均亩产680.2千克。株型紧凑，长势较旺，成穗率高，群体整齐度好，抗倒性较强，穗型较大，叶色深绿，叶姿较挺，叶片略卷，后期熟相好(图2-12)。中感稻瘟病、白叶枯病和条纹叶枯病，感纹枯病。米质理化指标检测：整精米率73.1%，垩白粒率25%，垩白度12.6%，胶稠度87毫米，直链淀粉含量12%，长宽比1.7。南粳7718直链淀粉含量低，胶稠度软，食味品质好，综合抗性强，适合在江苏省淮北中熟中粳稻地区机插和机直播。

图 2-12　南粳 7718 的田间长势

南粳7718毯苗机插播种量每盘干种子120～130克，每亩施纯氮18～20千克，其中复合肥施用比例50%以上，基肥、分蘖肥、穗肥的比例为4∶3∶3，穗肥分促花肥和保花肥两次施用，注意养根保叶提高千粒重和结实率，注意穗颈瘟和稻曲病防治。为保持该品种的优良食味品质，宜少施氮肥，多施有机肥，特别是后期尽量不施氮肥。在水浆管理上，薄水栽插，湿润活棵，浅水分蘖，当亩总茎蘖数达20万时，分次适度搁田，后期干干湿湿，养根保叶，活熟到老，收割前7 ～ 10天断水。播种前用药剂浸种防治恶苗病和干尖线虫病等种传病虫害。苗期防治稻蓟马、灰飞虱等，中后期综合防治二化螟、大螟、稻纵卷叶螟、稻飞虱，纹枯病、稻曲病和稻瘟病等。

 丰粳1606的主要特征特性及因种保优栽培要点是什么？

丰粳1606属软米品种，无香味，由江苏神农大丰种业科技有限公司育成，2019年通过江苏省审定。迟熟中粳稻品种，全生育期151天左右。株高91.7厘米，千粒重27.1克，生产试验平均亩产678.3千克。幼苗矮壮，叶色深绿，叶姿挺，分蘖力较强，株型较紧凑，茎秆粗壮，抗倒性强，群体整齐度好，穗层整齐，谷粒饱满，后期转色好，秆青籽黄（图2–13）。中感稻瘟病、白叶枯病和条纹叶枯病，抗纹枯病。米质理化指标检测：整精米率67.6%，垩白粒率24%，垩白度6.7%，胶稠度88毫米，直链淀粉含量10.6%，米质较优，适宜在江苏省苏中及宁镇扬丘陵地区种植。

图2–13 丰粳1606的田间长势

丰粳1606机插秧5月底至6月初播种，播种量每盘干种子120 ～ 130克，每亩施纯氮约18千克，其中复合肥施用比例50%以上，基肥、分蘖肥、穗肥的比例为4：3：3或4：4：2，穗肥主要用作促花肥，尽量不施保花肥。播种前用药剂浸种，防治恶苗病和干尖线虫病等种传病虫害，秧田期集中防治稻蓟马、灰飞虱，中、后期综合防治纹枯病、螟虫、稻飞虱、稻纵卷叶螟、稻瘟病、纹枯病、基腐病等。加强纹枯病、穗颈瘟和稻曲病防治，特别要做好穗颈瘟的防治（江苏省农业农村厅，2019）。

39 南粳5626的主要特征特性及因种保优栽培要点是什么?

南粳5626属中熟中粳稻早熟品种，由江苏省农业科学院粮食作物研究所、江苏红旗种业股份有限公司合作育成，2020年通过江苏省审定。株高100.2厘米，全生育期142天，千粒重26.5克，生产试验平均亩产694.3千克。株型较紧凑，分蘖力中等，群体整齐度好，茎秆粗壮弹性好，抗倒性较强，穗型较大，叶色中绿，叶姿挺，谷粒饱满，成熟期转色好，秆青籽黄（图2-14）。中感稻瘟病、白叶枯病和条纹叶枯病，感纹枯病。米质理化指标检测:整精米率74.7%，垩白粒率15%，垩白度4.5%，胶稠度60毫米，直链淀粉含量15.9%，长宽比1.6，达到农业行业《食用稻品种品质》标准三级，适宜在江苏省淮北地区种植。

图 2-14　南粳 5626 的田间长势

南粳5626一般5月中下旬播种，湿润育秧每亩播量25～30千克，旱育秧每亩播量35～40千克，机插毯苗育秧每盘120克左右，大田用种量每亩3～4千克。一般亩施纯氮约18千克，肥料运筹上采取"前重、中控、后补"的原则，重视磷钾肥和有机肥的配合施用。播种前用药剂浸种防治恶苗病和干尖线虫病等病虫害。苗期防治稻蓟马、灰飞虱等，中后期综合防治二化螟、大螟、稻纵卷叶螟、稻飞虱，纹枯病、稻曲病和稻瘟病等。

宁香粳9号的主要特征特性及因种保优栽培要点是什么?

宁香粳9号属软米品种,有香味,由南京农业大学水稻研究所育成,2020年通过江苏省审定。早熟晚粳稻早熟品种,全生育期152.4天,株高98.7厘米,千粒重26.3克,生产试验平均亩产760千克。幼苗矮壮,叶色中绿,分蘖力中等偏上,株型紧凑,株高适中,茎秆较粗壮,抗倒性好。群体整齐度好,穗层整齐,穗型较大,叶姿挺,后期转色好,秆青籽黄(图2-15)。中感稻瘟病、白叶枯病、条纹叶枯病,感纹枯病。米质理化指标检测:整精米率70.9%,垩白粒率25.0%,垩白度5.6%,胶稠度88毫米,直链淀粉含量11.8%,长宽比1.8,适宜在江苏省沿江及苏南地区种植。

图2-15 宁香粳9号的田间长势

宁香粳9号一般5月中下旬播种(机插5月下旬),湿润育秧每亩秧田播种量25～30千克、旱育秧35～40千克、机插育秧每亩大田3～4千克,稀播匀播,培育适龄壮秧。一般6月中下旬移栽,秧龄约30天(机插育秧18～20天),适时移栽,每亩插足约1.8万穴,每亩基本苗6万～7万株。宁香粳9号大面积亩施纯氮量约18千克,肥料运筹上采取"前重、中控、后补"的施肥原则,并重视磷钾肥和有机肥的配合施用。播种前用药剂浸种防治恶苗病和干尖线虫病。秧田期重点抓好稻蓟马、灰飞虱的防治,大田重点做好二化螟、大螟、稻纵卷叶螟、稻飞虱等虫害防治工作,搁田前后及时防治纹枯病,破口期综合防治稻瘟病、稻曲病等（江苏省农业农村厅，2020）。

41 宁粳8号的主要特征特性及因种保优栽培要点是什么？

宁粳8号属软米品种，由南京农业大学水稻研究所育成，2016年通过江苏省审定，2018通过安徽省引种备案。全生育期159.8天，属早熟晚粳稻品种，株高100.3厘米，千粒重28.1克，生产试验平均亩产719.4千克。株型较紧凑，长势较旺，分蘖力较强，叶色淡绿，穗型中等，群体整齐度好，抗倒性强，后期灌浆快，熟相清秀（图2-16）。穗颈瘟损失率3级，穗颈瘟综合抗性指数3.75，中感白叶枯病，抗纹枯病，条纹叶枯病发病率20.69%。米质理化指标检测：整精米率73.1%，垩白粒率62%，垩白度12.7%，胶稠度96毫米，直链淀粉含量10%，米质较优，适宜在江苏省沿江和苏南地区种植。

图2-16 宁粳8号的田间长势

宁粳8号机插秧5月底播种，每亩大田用种量3～4千克，每盘播净种约120克。机插秧秧龄控制在18～20天，6月中旬移栽，机栽密度以3.5寸*×9寸为宜，每亩大田栽插1.7万～1.9万穴，每穴栽插3～4苗，每亩基本苗6万～8万株。一般亩施纯氮20千克，早施分蘖肥，在中期稳健的基础上，适时施好穗肥。基蘖肥与穗肥比例以6∶4为宜；水浆管理掌握前期浅水勤灌，

---

　* 寸为非法定计量单位，1寸≈3.33厘米。——编者注

当茎蘖数达到20万左右时，分次适度搁田，后期干干湿湿，强秆壮根，活熟到老，成熟后7～10天断水，切忌断水过早。播前用药剂浸种，防治恶苗病和干尖线虫病等种传病虫害，秧田期和大田期注意灰飞虱、稻蓟马等的防治，中后期要综合防治纹枯病、稻瘟病、螟虫、稻纵卷叶螟、稻飞虱等。特别要重视稻瘟病的防治（江苏省农业委员会，2016）。

42 苏香粳3号的主要特征特性及因种保优栽培要点是什么？

苏香粳3号属软米品种，有香味，由江苏太湖地区农业科学研究所育成，2010年通过江苏省审定。全生育期132天，属中熟中粳稻，株高81厘米左右，生产试验亩产426.9千克。苏香粳3号株型紧凑，长势较旺，穗型中等，分蘖力中等，叶色淡绿，群体整齐度良好，后期熟相好，抗倒性较强（图2-17）。在中上等生产水平条件下，每亩有效穗数约26万穗，每穗实粒数约90粒，结实率约85%，千粒重约20.5克。中抗至抗白叶枯病，中抗穗颈瘟，中感纹枯病，中感条纹叶枯病。米质理化指标检测：整精米率71%，垩白粒率6%，垩白度1.6%，胶稠度76毫米，直链淀粉含量9.6%，蛋白质含量10.9%，外观品质达国家三级优质稻米标准，在2018寻找江苏最好吃的大米暨第四届江苏百姓品米节暨网红大米品鉴会上荣获一等奖。适宜在苏州市范围作优质稻品种搭配种植。

图 2-17 苏香粳 3 号的田间长势

作为国庆节前上市的优质稻，苏香粳3号在苏州市种植一般5月15日左右播种，9月25日收获。每亩秧田用种量20～30千克，秧大田比例1：（8～10）。二叶一心期亩施7.5～10千克尿素，四叶一心期亩施5～7.5千克尿素，移栽前3～4天亩施7～8千克尿素。一般行距6寸，株距4寸，亩栽2.5万穴，每穴4.5苗。要获得亩产450千克以上的产量，一般掌握亩施纯氮约15千克。基面肥亩施碳铵25千克或45%复合肥25千克。栽后一周结合杂草防除，亩用碳铵25千克或尿素7.5千克；栽后两周每亩施尿素10～12.5千克；7月10—15日施穗肥，每亩施尿素5～7.5千克。在大田用肥中增施有机肥，有利于提高稻米品质特别是口感。防治好纹枯病、纵卷叶螟、螟虫、稻飞虱、穗颈瘟、稻曲病等病虫害，具体用药种类和用药量同常规晚粳。由于苏香粳3号的破口期比常规晚粳提前，因此施药期也要提前。此外秧田播种后应及时加盖无纺布，避免灰飞虱传毒危害，从而减轻条纹叶枯病的发生和危害（王建平，2011；朱勇良，2013）。

43 早香粳1号的主要特征特性及因种保优栽培要点是什么？

早香粳1号属软米品种，有香味，由常熟市农业科学研究所育成，2019年通过江苏省审定。中熟中粳稻，全生育期127.3天，株高88.3厘米，千粒重25.1克，生产试验平均亩产563.7千克。幼苗矮壮，叶色中绿，分蘖力中等，株型较紧凑，茎秆较粗壮，抗倒性强。群体整齐度好，穗层整齐，穗型较大，叶姿挺，谷粒饱满，后期转色好，秆青籽黄（图2-18）。稻瘟病损失率5级、稻瘟病综合抗性指数5.0，中感稻瘟病、白叶枯病和条纹叶枯病，高感纹枯病。米质理化指标检测：整精米率76.1%，垩白粒率21%，垩白度3.1%，胶稠度80毫米，直链淀粉含量9.2%，适宜在苏州市范围内搭配种植。

早香粳1号一般5月中下旬播种，湿润育秧每亩秧田播种量约25千克、机插育秧每亩大田约4千克，稀播匀播，培育适龄壮秧。一般6月中下旬移栽，秧龄约30天（机插育秧15～18天），适时移栽，每亩插足约1.8万穴、基本苗6万～8万苗。根据土壤地力与目标产量确定氮肥用量，根据当地配方施肥参数确定磷钾肥用量。一般亩施纯氮量约16千克，肥料运筹上采取"前重、中稳"的施肥原则，其中基蘖氮肥与穗氮肥比例以7：3为宜，并重视磷钾肥和有机肥的配合施用。水浆管理上注意薄水栽插，湿润活棵，浅水分蘖，当每亩茎蘖苗达到够穗苗时，及时分次搁田，生育后期田间干干湿湿，养根保叶、活熟到老，收割前一周断水。播种前用药剂浸种防治恶苗病和干尖线虫病。秧田期重点抓好稻蓟马、灰飞虱的防治工作，大田重点做好二化螟、大螟、稻纵卷叶螟、稻飞虱等虫害防治工作，搁田前后及时防治纹枯病，破口期综合防治稻瘟病、稻曲病等病害（江苏省农业农村厅，2019）。

图 2-18　早香粳 1 号的田间长势

 苏香粳100的主要特征特性及因种保优栽培要点是什么？

　　苏香粳100属软米品种，有香味。由江苏太湖地区农业科学研究所育成，2015年通过江苏省审定。全生育期164.6天，中熟晚粳稻，株高108.8厘米，生产试验平均亩产689.1千克，千粒重28.1克。株型紧凑，长势旺，穗型较大，分蘖力较强，叶色淡绿，灌浆速度快，熟色好，抗倒性一般（图2-19）。中抗白叶枯病，抗条纹叶枯病，感穗颈瘟、纹枯病。米质理化指标检测：出糙率85.3%，精米率74.7%，整精米率66.5%，粒长5.0毫米，长宽比1.7，垩白粒率58%，垩白度5.2%，碱消值6.7级，胶稠度95毫米，直链淀粉含量9.9%，透明度1级，适宜苏州中南部地区作优质稻品种搭配种植。

　　苏香粳100机插秧宜在5月20—25日播种，每亩用种量3千克。机插秧一般6月上中旬移栽，秧龄控制在15～18天，每亩大田栽插1.6万～1.7万穴，基本苗6万～8万株。一般亩施纯氮约17千克，肥料运筹掌握"前重、中稳、后控"的原则，并重视磷钾肥和有机肥的配合施用。水浆管理上，注意薄水栽插，湿润活棵，够苗后及时分次搁田到位，后期干湿交替，养根保叶，活熟到老。播前用药剂浸种防治恶苗病和干尖线虫病等种传病虫害，秧田期要注意灰飞虱、稻蓟马和病毒病的防治，中、后期要综合防治纹枯病、稻曲病、螟虫、稻纵卷叶螟、稻飞虱等，特别要注意穗颈瘟的防治（江苏省农业委员会，2015）。

图 2-19　苏香粳 100 的田间长势

45　徐稻9号的主要特征特性及因种保优栽培要点是什么？

徐稻9号属于粳型常规水稻品种，由江苏徐淮地区徐州农业科学研究所育成，2015年通过国家审定。株高96.7厘米，全生育期155.9天，千粒重26克，生产试验平均亩产629.2千克。稻瘟病综合抗性指数4.7，穗颈瘟损失率最高级5级，条纹叶枯病最高发病率10.71%；中感稻瘟病，中抗条纹叶枯病。米质理化指标检测：整精米率70.2%，垩白粒率24.5%，垩白度2.1%，直链淀粉含量15.7%，胶稠度73毫米，达到国家优质稻谷标准3级，适宜河南沿黄及信阳、山东南部、江苏淮北、安徽沿淮及淮北地区种植（图2-20）。

徐稻9号一般4月下旬至5月上旬播种，秧田亩播种量35千克；机插稻5月下旬播种，每盘干谷重120～130克。手插稻秧龄约35天，栽插行株距25厘米×14厘米，穴插2～3粒谷苗，亩基本苗约6万株；机插稻秧龄20～22

天，栽插行株距30厘米×12厘米，穴插3～4粒谷苗，亩基本苗6万～8万株。大田亩总施纯氮量18～20千克，基肥、分蘖肥、穗肥的比例为5∶3∶2；基肥以有机肥为主，配施适量磷、钾肥；穗肥分2～3次施用，以促花肥为主。注意及时防治螟虫、稻飞虱、纹枯病、稻瘟病等病虫害（农业部，2015）。

图2-20　徐稻9号的田间长势

 扬农香28的主要特征特性及因种保优栽培要点是什么？

扬农香28属软米品种，有香味，由扬州大学和江苏神农大丰种业科技有限公司合作育成，2020年通过江苏省审定。全生育期149.4天，迟熟中粳稻早熟品种，株高95.7厘米，千粒重25.6克，2019年生产试验平均亩产708.2千克。株型较紧凑，分蘖力强，茎秆弹性好，抗倒性强。群体整齐度好，穗层整齐，穗型中等，叶姿挺，谷粒饱满，后期转色好，秆青籽黄（图2-21）。中感稻瘟病、白叶枯病和条纹叶枯病，抗纹枯病。米质理化指标检测：整精米率67.6%，垩白粒率23%，垩白度5.6%，胶稠度90毫米，直链淀粉含量11%，长宽比1.8，适宜在江苏省苏中及宁镇扬丘陵地区种植。

扬农香28机插毯苗栽培的播种适期为5月底至6月初，每亩用种量3～4千克。肥料运筹上采取"前重、中控、后补"的原则，并重视磷钾肥和有机肥的配合施用。在水浆管理上，前期薄水栽插，湿润活棵，浅水分蘖促早发，茎蘖数达预期穗数80%时，分次适度轻搁田；后期干干湿湿，活熟到老；收获前一周断水。播种前用药剂浸种，防治恶苗病和干尖线虫病等种传病害，秧田期集中防治稻蓟马、灰飞虱，中、后期综合防治纹枯病、螟虫、稻飞虱、稻纵卷叶螟、稻瘟病、基腐病等，破口抽穗期要认真做好穗颈瘟的防治工作（江苏省农业农村厅，2020）。

图 2-21　扬农香 28 的田间长势

47　武香粳113的主要特征特性及因种保优栽培要点是什么？

武香粳113属软米品种，有香味，由江苏中江种业股份有限公司和江苏（武进）水稻研究所共同育成，2020年通过江苏省审定。全生育期147.7天，迟熟中粳稻品种，株高95.5厘米，千粒重24.6克，生产试验平均亩产703.9千克。幼苗矮壮，叶色中绿，分蘖力中等，株型适中，茎秆较粗壮，抗倒性强。群体整齐度好，穗层整齐，穗型较大，叶姿挺，谷粒饱满，后期转色好，秆青籽黄（图2-22）。中感稻瘟病、条纹叶枯病，中抗白叶枯病，感纹枯病。米质理化指标检测：整精米率74.8%，垩白粒率34.0%，垩白度8.4%，胶稠度88毫米，直链淀粉含量11.1%，长宽比1.5，适宜在江苏省苏中及宁镇扬丘陵地区种植。

武香粳113一般在5月中下旬播种，湿润育秧每亩播量25～30千克，旱育秧每亩播量35～40千克，塑盘毯苗机插育秧每盘120～130克，大田用种量每亩3～4千克。根据土壤肥力、目标产量与氮肥利用率确定氮肥施用量。一般亩施纯氮18～20千克，氮、磷、钾搭配使用，比例为2∶1∶1，肥料运筹掌握"前重、中稳、后补"的施肥原则，基蘖肥与穗肥比例以6∶4左右为宜，早施分蘖肥，拔节期稳施氮肥，后期重施保花肥。播种前用药剂浸种防治恶苗病和干尖线虫病等种传病害；秧田期和大田初期注意防治灰飞虱、稻蓟马等；中后期要综合防治纹枯病、螟虫、稻飞虱等；抽穗扬花期综合防治穗颈瘟、稻曲病等穗部病害。要特别重视稻瘟病的防治，破口初期和齐穗期分两次预防。有效控制杂草危害，对于错过用药适期，草龄较大的杂草，要结合人工除草，控制杂草危害（江苏省农业农村厅，2020）。

图 2-22　武香粳 113 的田间长势

金香玉1号的主要特征特性及因种保优栽培要点是什么？

金香玉 1 号属软米品种，有香味，由江苏金土地种业有限公司、江苏里下河地区农业科学研究所合作育成，2020 年通过江苏省审定。迟熟中粳稻品种，全生育期 148.8 天，株高 96.4 厘米，千粒重 26.3 克，生产试验平均亩产 694.2 千克。金香玉 1 号幼苗矮壮，叶色中绿，分蘖力较强，株型集散适中，茎秆较粗壮，抗倒性强，群体整齐度好，穗层整齐，穗型较大，叶姿挺，谷粒饱满，后期转色好，秆青籽黄（图 2-23）。中感稻瘟病、白叶枯病和条纹叶枯病，感纹枯病。米质理化指标检测：整精米率 72.7%，垩白粒率 18%，垩白度 5.2%，胶稠度 80 毫米，直链淀粉含量 11.7%，长宽比 1.6，适宜在江苏省苏中及宁镇扬丘陵地区种植。

江苏省苏中稻区金香玉 1 号一般在 5 月中下旬播种，湿润育秧每亩播量 20～25 千克，旱育秧每亩播量 35～40 千克，塑盘毯苗机插育秧每盘 120～130 克，大田用种量每亩 3～4 千克。一般 6 月中下旬移栽，手插秧秧龄控制在30～35天，每亩栽插2万穴，每亩基本苗6万～8万株；机插秧秧龄18～20天，每亩1.8万穴，基本苗6万～8万株。一般亩施纯氮18～20千克，氮、磷、钾搭配使用，比例为2∶1∶1。肥料运筹掌握"前重、中稳、后补"的施肥原则，基蘖肥与穗肥比例以7∶3左右为宜，早施分蘖肥，拔节期稳施氮肥，后期重施保花肥。在机插栽培水浆管理上掌握薄水栽插，湿润活棵，浅水分蘖，适当露田。当亩总茎蘖数达到20万时，分次适度搁田，后期间隙灌溉，干干湿湿，强秆壮根，收割前一周断水。播前用药剂浸种防治恶苗病和干尖线虫病等种传病虫害，秧田期和大田前期注意灰飞虱、稻蓟马的防治，中后期要综合防治纹枯病、螟虫、稻飞虱、稻瘟病等（江苏省农业农村厅，2020）。

图2-23　金香玉1号的田间长势

49　常香粳1813的主要特征特性及因种保优栽培要点是什么？

常香粳1813属软米品种，有香味，由常熟市农业科学研究所育成，2020年通过江苏省审定。全生育期159.3天，早熟晚粳稻品种，株高102.2厘米，千粒重24.8克，生产试验平均亩产723.6千克。株型紧凑，分蘖力强，群体整齐度好，抗倒性强，穗型大，叶色淡绿，叶姿挺，成熟期转色好（图2-24）。稻瘟病综合抗性指数4.0，中抗稻瘟病，中感白叶枯病、条纹叶枯病，感纹枯病。米质理化指标检测：整精米率70.4%，垩白粒率25.0%，垩白度8.2%，胶稠度70毫米，直链淀粉含量10.5%，长宽比1.8，适宜在江苏省沿江及苏南稻区种植。

图 2-24　常香粳 1813 的田间长势

常香粳1813机插秧一般5月下旬播种，每秧盘播种量约130克，每亩用种量3～4千克。一般6月上、中旬移栽，机插秧秧龄控制在15～18天，每亩栽插1.8万～2万穴，每穴3～5苗，每亩基本苗6万～8万株。一般亩施纯氮18千克，其中基蘖肥占总施氮量的65%～70%，穗肥占总施氮量的30%～35%，并重视磷钾肥的配合施用。播种前用药剂浸种，防治恶苗病和干尖虫病等种传病虫害，秧田期集中防治稻蓟马、灰飞虱，中、后期综合防治纹枯病、螟虫、稻飞虱、稻纵卷叶螟、稻瘟病等病虫害（江苏省农业农村厅，2020）。

50　泗稻301的主要特征特性及因种保优栽培要点是什么?

泗稻301属迟熟中粳稻品种，由江苏省农业科学院宿迁农科所育成，2020年通过江苏省审定。全生育期151.7天，株高99.9厘米，千粒重27.8克，生产试验平均亩产728.0千克。幼苗矮壮，叶色绿，分蘖力中等，株型紧凑，茎秆较粗壮，抗倒性强。群体整齐度好，穗层整齐，穗型较大，叶姿挺，谷粒饱满，后期转色好（图2-25）。中感稻瘟病，感白叶枯病、纹枯病。米质理化指标检测：整精米率74.8%，垩白粒率16.0%，垩白度1.8%，胶稠度70毫米，直链淀粉含量16.7%，长宽比2.0，达到农业行业《食用稻品种品质》标准二级，适宜在江苏省苏中及宁镇扬丘陵地区种植。

图 2-25　泗稻 301 的田间长势

泗稻301在江苏一般在5月中下旬播种，湿润育秧每亩播量25～30千克，旱育秧每亩播量35～40千克，机插毯苗塑盘育秧每盘100～120克，大田用种量每亩3～4千克，稀播匀播，培育适龄壮秧。一般6月上、中旬移栽，湿润育秧秧龄约30天，每亩栽约2万穴，每穴3～4苗，每亩基本苗6万～8万株；机插育秧秧龄18～20天，每亩插1.7万～2万穴，每穴3～5苗，每亩基本苗6万～8万株。根据土壤肥力、目标产量与氮肥利用率确定氮肥施用量，大面积亩施纯氮量约18千克，基蘖氮肥与穗氮肥比例以6∶4～7∶3为宜，肥料运筹上采取"前重、中控、后补"的施肥原则，并重视磷钾肥和有机肥的配合施用。机插栽培水浆管理上采用薄水栽插，浅水活棵分蘖，当每亩茎蘖苗达够穗苗时，及时分次搁田，生育后期田间干干湿湿，养根保叶，活熟到老，收割前一周断水。播种前用药剂浸种防治恶苗病和干尖线虫病。秧田期重点抓好稻蓟马、灰飞虱的防治，大田重点做好二化螟、大螟、稻纵卷叶螟、稻飞虱等虫害防治工作，搁田前后及时防治纹枯病，破口期综合防治稻瘟病、稻曲病等（江苏省农业农村厅，2020）。

 嘉58的主要特征特性及因种保优栽培要点是什么？

嘉58属软米品种，单季晚粳稻，由浙江省嘉兴市农业科学研究院、中国科学院遗传与发育生物学研究所、台州市台农种业有限公司、浙江省农业科学院植物保护与微生物研究所等单位育成，2013年通过浙江省审定（浙审稻2013011），2017年由江苏中江种业股份有限公司引种至江苏并通过江苏省引种备案〔（苏）引种〔2017〕第001号〕，引种适宜种植区域为江苏省苏州市。

该品种为光身稻，生长整齐，株高适中，株型紧凑，剑叶短挺，叶色淡绿，茎秆坚韧，分蘖力较强，穗型较大，着粒密，谷壳黄亮，谷粒圆粒形，颖尖无色、无芒。适应性试验产量表现：2016年平均亩产602.5千克。抗病性结果：中感稻瘟病、白叶枯病、抗纹枯病和条纹叶枯病。米质理化指标检测：平均整精米率72%，长宽比1.7，垩白粒率46%，垩白度8.5%，透明度3级，胶稠度69毫米，直链淀粉含量10%。

生长期内需要注意纹枯病、稻曲病、穗颈瘟、螟虫、稻纵卷叶螟、稻飞虱等病虫害的防治，感病品种尤其要加强重点防治（2017年江苏省主要农作物审定品种引种备案目录）。

52　长农粳1号的主要特征特性及因种保优栽培要点是什么？

长农粳1号属软米品种，早熟晚粳稻，由长江大学、江苏（武进）水稻研究所和中国农业科学院作物科学研究所育成。2015年通过湖北审定（鄂审稻2015019），2019年由安徽皖垦种业股份有限公司引种并通过江苏省引种备案〔（苏）引种（2019）第047号〕，适宜江苏长江以南地区种植。

该品种株型集散适中，分蘖力一般，叶姿挺直，叶色绿色，株高适中，抗倒性较好，田间病害轻，后期转色好，籽粒黄色（图2-26）。2018年引种单位自行组织的引种适应性试验平均结果：株高101.7厘米，每亩有效穗20.4万，每穗实粒数137.2粒，结实率83.3%，千粒重27.4克，全生育期161天，比对照武运粳23号早熟1.6天，平均亩产625.9千克，比对照武运粳23号增产3.8%。病害经江苏省农科院植物保护研究所鉴定：感稻瘟病，中感白叶枯病，高感纹枯病。米质理化指标检测：出糙率85.7%，整精米率66%，垩白粒率58%，垩白度8.4%，直链淀粉含量9.1%，胶稠度69毫米，长宽比1.7。

栽培要点及风险提示：根据当地生态条件及主栽品种播种习惯合理安排

播种期，均匀播种，一播全苗，培育壮秧，每亩大田用种量4～5千克。根据不同播种方法及栽插方式适时移栽，合理密植，每亩栽1.8万～2万穴，每亩基本苗6万～8万株。合理施肥，科学管水。一般亩施纯氮约18千克，肥料运筹上采取"前重、中控、后补"的施肥原则。水浆管理上注意薄水栽秧，湿润活棵，浅水分蘖，够苗晒田，孕穗至齐穗期保持浅水层，灌浆至成熟期浅水湿润交替，养根保叶，活熟到老，收割前一周断水。病虫害综合防治：播种前用药剂浸种，防治恶苗病和干尖虫病；秧田期和大田前期注意防治灰飞虱、稻蓟马等；中后期综合防治纹枯病、稻曲病、螟虫、稻飞虱等，要注意稻瘟病、白叶枯病的防治（2019年江苏省主要农作物品种引种备案目录）。

图2-26　长农粳1号的田间长势

53　银香38的主要特征特性及因种保优栽培要点是什么?

银香38属软米品种，早熟晚粳稻，有香味。由光明种业、光明米业（集团）有限公司农业技术中心共同育成，2017年通过上海审定（沪审稻2017018），2020年江苏越千凡农业科技发展有限公司引种江苏并通过备案〔（苏）引种（2020）第033号〕，适宜江苏省长江以南地区种植。

该品种株型紧凑，分蘖力较强，群体整齐度较好，抗倒性较强，成穗率高，穗型较大，叶色深绿，叶姿挺，熟期转色好，籽粒黄色。2019年引种单位自行组织的引种适应性试验平均结果：株高108厘米，亩有效穗24.6万株，每穗实粒数115.4粒，结实率96.5%，千粒重25.1克；全生育期145天，比对照武运粳23号早4天；平均亩产698.7千克，比对照武运粳23号增产4.8%。病害经江苏省农科院植物保护研究所鉴定：中感稻瘟病、白叶枯病、条纹叶枯病，感纹枯病。米质理化指标检测：整精米率72.5%，垩白粒率23%，垩白度2.8%，胶稠度88毫米，直链淀粉含量8.2%。

银香38一般5月下旬开始播种，最迟不超过6月10日播种，每亩净秧板播种量30～35千克，每亩大田用种量3～4千克；机插秧每盘播净种约120克，播后保持湿润。一般6月上中旬移栽，秧龄控制在20天以内，提倡机插，基本苗6万～7万株。一般亩施纯氮约18千克，施肥方法遵循"前促、中控、后稳"的原则，基蘖肥与穗肥的比例以6∶4为宜，基肥在整地前施入，穗肥促保兼顾，控制后期氮肥施用，注意氮、磷、钾合理配比。水浆管理做到薄水栽秧，浅水分蘖，寸水抽穗扬花，后期干湿交替，不宜过早断水，确保活熟到老。播种前用药剂浸种防治恶苗病和干尖线虫病等种传病害；秧田期和大田期注意防治灰飞虱、稻蓟马；抽穗扬花期要注意综合防治穗颈瘟、稻曲病等穗部病害；中后期要综合防治纹枯病、螟虫、稻飞虱等病虫害（2020年江苏省主要农作物品种引种备案适应性试验结果）。

54　沪软1212的主要特征特性及因种保优栽培要点是什么？

沪软1212属软米品种，早熟晚粳稻，由上海市农业科学院、上海市崇明区农业良种繁育推广中心、上海上实现代农业开发有限公司育成，2017年通过上海市审定（沪审稻2017017），2020年由江苏省大华种业集团有限公司引进并通过江苏省备案〔（苏）引种（2020）第039号〕，适宜江苏省长江以南地区种植。

沪软1212株型紧束，分蘖力适中，群体整齐度好，长势繁茂，叶色较深，叶姿挺直，穗型较大，熟期转色好，粒色金黄，落粒性好（图2-27）。2019年引种单位自行组织的引种适应性试验平均结果：株高99.9厘米，亩有效穗21.8万株，每穗实粒数131.4粒，结实率89.4%，千粒重25.6克；全生育期158.8天，比对照武运粳23号晚1.9天；平均亩产631.8千克，比对照武运粳23号增产3.9%。经江苏省农科院植物保护研究所鉴定：中感白叶枯病，感稻瘟病、纹枯病，抗条纹叶枯病。米质理化指标检测：整精米率70.3%，垩白粒率12%，垩白度2.1%，胶稠度86毫米，直链淀粉含量8.3%。

图 2-27　沪软 1212 的田间长势

沪软1212一般5月中下旬播种，机插秧秧龄20天左右，每亩插1.7万穴左右，每亩基本苗约7万株。肥料运筹上采取"前重、中控、后补"的施肥原则，一般亩施纯氮约18千克，并重视磷钾肥和有机肥的配合施用，氮磷钾的比例为1∶0.3∶0.5。管理上前期浅水勤灌促早发，亩有效穗达到19.8万株时轻搁田，达到22万株时开始搁田，搁田后间歇灌溉。做好整个生长期间稻纵卷叶螟、稻飞虱等迁飞性害虫的适时防治，特别注意稻瘟病、纹枯病的防治（2020年江苏省主要农作物品种引种备案适应性试验结果）。

第三章

品质保优栽培技术

55 栽培因素对食味品质有什么影响？

好大米是选用好品种种出来的，但有了好品种不一定能种出好大米，栽培因素对食味品质的形成有很大影响。栽培因素包括播期、密度、种植方式、肥料运筹、水浆管理、病虫害防治等（蒋助华，2020；王爱辉等，2013）。

播种时间其实也就是温度会影响稻米食味品质，特别是灌浆期过高过低的温度会造成稻米中直链淀粉、蛋白质、脂肪含量以及支链淀粉结构的改变，并进一步影响胶稠度、糊化温度等，从而影响食味品质。适期播种是保证稻米食味品质的前提，过早或过迟播种均不利于食味品质的提高。

栽插密度对食味品质也有一定的影响。通过合理密植，使水稻群体结构处于合理的范围，能够充分利用光、温、肥、水、气等资源，保证个体的正常发育和群体的协调发展，可以促进水稻产量与品质的协同提高，栽插密度过大或过小均不利于稻米食味品质的提高。在实际栽培过程中，应根据品种特性、秧苗素质、土壤状况和栽培目标等因素有针对性地选择栽插密度。

不同栽培方式对食味品质影响显著。同一品种在同一地区种植，手栽稻的直链淀粉含量较低，胶稠度较高，食味品质最好；其次是机插；直播稻的食味品质最差。

氮肥对稻米品质影响较大，其次是钾肥、磷肥和硅肥。氮肥施用量越多，蛋白质含量越高，食味品质下降。此外，肥料种类、施肥时期和施肥方式对食味品质也有较大影响。增加钾肥能够提高整精米率及蛋白质含量，降低垩白粒率和垩白度。硅肥能明显降低垩白粒率、垩白度，既提高稻米外观品质，又改善稻米食味品质。有机肥料可以缓慢释放出多种营养元素，满足水稻在不同生育阶段的需求，从而提高稻米食味品质。在栽培过程中要合理施肥，优化氮磷钾硅等多种元素的比例，少施氮肥，多施有机肥，增施钾肥，补施硅肥和锌肥，特别是后期尽量少施或不施氮肥，有利于水稻健康群体的形成和病虫害控制。后期氮素过多不但会显著提高籽粒蛋白质含量，还会造成贪青迟熟，容易招致病虫危害，稻米充实度下降，食味品质降低。

不同时期水浆管理不善都会影响水稻的生长发育，如中期水浆管理不善，烤田不到位，会影响根系发育，从而影响产量，降低品质。其中灌浆结实期是稻米品质形成的关键时期，这段时间的水浆管理对稻米品质影响较大。中后期湿润灌溉、干湿交替可以有效提升稻米加工品质和外观品质。另外，收获前断水不能过早，一般收获前一周断水。

病虫害不仅对水稻产量造成严重损失，而且会严重影响稻米的外观和食味品质。因此，在水稻种植过程中必须加强对病虫害的防控。为了生产出食味优良、健康安全的高品质稻米，必须充分利用品种抗性，采取生态控制、农业措施、生物防治、物理防治、科学用药等环境友好的措施来控制病虫害发生，减少化学农药的使用，保证稻米的食味品质和食用安全。

56 播种时间对食味品质有什么影响？

不同种植区域的水稻都有各自适宜的播种时间。播种时间不同，温度、光照、湿度等气候环境也会发生变化，从而影响稻米的食味品质。影响稻米食味品质的主要因素是温度，特别是灌浆期温度对食味品质的影响较大。水稻抽穗后30天内最适宜的日平均温度在23℃左右，稻米食味品质最佳；当日平均温度超过27℃以上时，食味品质就会降低。据研究表明，灌浆期温度的变化会造成稻米中直链淀粉、蛋白质、脂肪含量以及支链淀粉结构的改变，并进一步影响稻米胶稠度、糊化温度等，从而影响食味品质（松江勇次，2014；程方民等，2000）。

水稻抽穗后6～15天的平均温度、昼夜温差与直链淀粉含量的关系最为密切，在较高温度下灌浆会使半糯粳稻的直链淀粉含量出现升高的趋势，食味品质变差（姚姝等，2016）。灌浆期温度也会影响支链淀粉的链长结构和分布，在高温条件下灌浆，水稻支链淀粉短链减少，中长链增加。这些链长的改变会导致稻米淀粉糊化和回生特性的改变，影响食味品质（周慧颖等，2018）。

灌浆期较高的温度有利于水稻籽粒蛋白质的积累，会导致米粒结构紧密，影响淀粉粒的膨胀和糊化，增加米饭硬度和粗糙感，同时稻米脂肪含量也会明显降低。蛋白质含量高、脂肪含量低的稻米蒸煮时吸水速度慢、吸水量少，且不能充分糊化，做出的米饭黏度降低，发干、发硬，色泽和光泽也会受到影响，食味品质变差（梁成刚等，2010；许光利，2011）。

掌握适宜的播种时间需要根据种植地区的温光条件、播种方式和耕作制度来选择适宜的优质品种，科学地确定适宜的播种和移栽时期，避免灌浆期的高温和低温，力争食味品质形成的关键时期与最佳的温光条件同步，是保证品种品质的重要措施。

就南粳系列优良食味粳稻品种而言，通过适期播种，使其抽穗后6～15天在日平均温度23℃左右的条件下灌浆充实，中熟中粳品种南粳505、南粳2728、南粳58、南粳5718、南粳7718在淮北地区种植时，手插移栽的适宜播种时间为5月15—20日，机插秧（图3-1）为5月20—30日，麦后直播宜在6月15日前。迟熟中粳品种如南粳9108、南粳9036、丰粳1606、金香玉1号、扬农香28在苏中及宁镇扬丘陵地区，手插移栽的适宜播种时间为5月15—25日，机插秧为5月20—30日。早熟晚粳品种如南粳5055、南粳3908、南粳晶谷在沿江地区的适宜播种时间为5月15—25日播种，苏南地区宜于5月20—30日播种，机插秧宜在5月25—30日播种。中熟晚粳南粳46在太湖地区东南部和上海市的适宜播种时间为5月20—30日。

图3-1　水稻机插秧

57 如何选择育秧方式和育秧介质？

　　秧苗素质的好坏对水稻产量和品质具有重要影响，秧苗素质差会大大增加栽后田间管理的难度和成本（薛志刚等，2012；张文香等，2009）。目前机插秧育秧方式主要有硬地塑盘育秧（图3-2）、工厂化育秧和田间露地育秧等（图3-3）。工厂化育秧对设施要求较高，田间露地育秧存在秧板质量和水浆管理难以达到要求的问题，硬地塑盘育秧设施简单、方便管理。在育秧方式选择方面建议采用硬地塑盘育秧。

图 3-2　水稻硬地塑盘育秧

图 3-3　水稻田间秧板育秧和基质育秧

　　目前，水稻机插秧育秧介质主要有有机基质、无机基质、珍珠岩、营养土以及具改善床土功能的壮秧剂、基质母剂等（周青等，2007；黄洪明等，2014）。无机基质是以无机物为主，同时添加养分、生长调节剂等，无机基质母剂是无机基质的浓缩剂，用时应与客土混合，可以全面改变客土的物理、化学性质和养分构造，具有培育壮秧的显著功能。壮秧剂是集营养剂、消毒剂、调酸剂和化学调控于一体的新型育秧制剂，与客土混合使用，具有显著的壮秧增产作用。

不同的基质配方对水稻品质可能有一定影响（赵婷婷等，2017；杨阿林等，2013；朱冰心，2015），主要是对秧苗素质及生理特征、机插质量及产量均有一定的影响（林育炯等，2016；吴文革等，2014）。综合考虑各因素，建议选择使用混合介质育秧。生产中需选择正规厂家生产的合格水稻育秧基质（江苏省农业技术推广总站推介的育秧基质目录或者多年使用比较可靠的育秧基质）或其与营养土以1∶3的比例混合，搅拌入育秧伴侣，采用搅拌器充分混匀，制备育秧介质。

　栽培方式对食味品质有什么影响？

栽培方式是水稻生产过程中的重要环节。随着社会经济的发展和产业结构的调整，水稻栽培方式呈现出手栽（图3-4）、抛秧、机插、直播等多元化发展的趋势。

图 3-4　水稻试验田定点拉线手栽秧

水稻由于不同栽培方式，稻米食味品质有明显差异。多数研究表明，同一地区相同品种，与手栽和机插相比，直播稻的直链淀粉含量较高，胶稠度较低，食味品质变差（张建中等，2010；赵广欣等，2016）。毯苗机插是目前应用最广的机插方式，较直播改善了稻米的营养品质，降低了直链淀粉含量，提高了胶稠度，显著提高了蒸煮食味品质，而手栽的蒸煮食味品质又要优于机插（邢志鹏等，2017）。这可能是由于不同种植方式下水稻灌浆结实期的气候条件不同所致。与手栽相比，机插抽穗期一般推迟3～5天，直播推迟7～10天，因此导致食味品质存在差异（林青等，2011）。另外，直播比手栽更易发生倒伏，也会导致食味品质下降（宋宁垣等，2018）。但也有研究表明，在避免倒伏和保障灌浆期适宜温度等条件下，直播稻由于穗数增加使每穗粒数减少，从而使得一次枝梗的谷粒比例增高，千粒重增加，充实度更好，进而使得稻米直链淀粉含量降低，食味品质提高。与无序撒抛和机插秧相比，水稻有序抛秧稻米的胶稠度较高，蛋白质含量较低，稻米食味品质明显改善（李伟，2004）。

随着社会的发展以及农村劳动力的大量转移，水稻轻简化、规模化栽培将是发展的必然趋势。水稻机插不仅省工、节本、减轻劳动强度，而且可加快生产规模化、产业化进程。直播和抛秧作为轻简化的栽培技术，省工省力、生产效率高、经济效益好，在某些方面也符合经济发展的规律。尤其机直播改善了水稻生长环境和杂草控制等不利因素，有序抛栽克服了传统撒抛秧苗分布不均的缺点，具有秧苗素质好、栽后活棵立苗快、易操作等优点。不仅可以提高直播和抛秧的产量潜力，还可以改善稻米品质（邢志鹏等，2017；韩超，2019）。

中国稻作面积大，稻作环境复杂多样，栽培方式及机械化程度在不同地域也参差不齐。因此，不同地区要根据气候生态条件选择适宜的水稻品种类型，配套合理的栽培方式，把水稻抽穗结实期安排在籽粒灌浆结实的最佳温度范围内，有利于稻米优良食味品质的形成。

在水稻栽培中具体选用哪种栽培方式，应该根据品种特征、生产规模、生产资金和技术本身的特点等因素科学确定。适当的栽培方式不仅提高产量，节省劳动力，提高工作效率，同时改善稻米品质，实现高产、省工、节本、高效和优质的有机结合。

59 水稻机插秧和直播哪种方式好？

机插秧需要前期育苗，育苗期集中管理大大提高了肥料、水分和农药利用率，节约成本，同时有效避开了不利于秧苗生长的时间段。机插秧苗质量好、穴距均匀、深浅一致，有利于根系生长，秧苗完整度高，比直播产量更高。机插秧宽行密株、通风透气好，便于施肥打药，抗倒伏和病虫害轻，稳产高产，利于食味品质的提高（刘昆等，2019；韩超等，2018）。但受插秧机限制，机插苗秧龄较短，不易培育大苗壮苗，秧苗返青慢，易出现漏秧、机械损伤、营养生长期延长等问题。另外，相比直播，机插秧成本增加、劳动强度较高、不易操作。机插秧适于大规模生产和标准化生产，是我国未来水稻生产发展的方向（图3-5）。

图 3-5　南粳 9108 机插秧

直播作为轻简化的水稻栽培技术，直接将种子播种在稻田中，免去了育苗、移栽的过程，省工省力，生产效率高，另外直播无拔秧植伤和栽后返青过程，出苗后分蘖发生快，利于低位分蘖的发生。但直播对田间耕整质量要求较高，出苗易不齐不匀，稳产性较差，特别是播种偏迟，抽穗扬花期偏晚，如低温年份，稻米的垩白等外观品质更差，食味品质变劣（宋宁垣等，2018；杨波等，2012）。另外，直播稻用种量较大，抗倒伏能力低，田间杂草不易控制。因此，直播需掌握好"全苗早发、除草防害、增肥防早衰、健壮栽培防倒伏"等技术措施，避免倒伏和保障灌浆期适宜温度，直播也是一种发展趋势。

无论是水稻直播还是插秧都有各自的优缺点，需要根据实际情况具体选择哪种种植方式更适宜。

 栽插密度对食味品质有什么影响？

栽插密度不仅对水稻产量有重要影响，对食味品质也有一定的影响。通过合理密植使水稻群体结构处于合理的范围，能够充分利用光、温、肥、水、气等资源，保证个体正常发育和群体协调发展，可以促进水稻产量与品质的协同提高。

不同品种类型和试验条件下，栽插密度对稻米食味品质的影响也不同。多数研究认为，随着栽插密度的降低，稻米直链淀粉含量减少，胶稠度增加，米饭食味值、外观、黏度呈上升趋势，而硬度呈下降趋势。因此，适当降低栽插密度有利于改善稻米的蒸煮食味品质。但栽插密度过低会使碾磨品质和外观品质变差，直链淀粉含量增加，米饭变硬，食味品质下降。总体来说，栽插密度过大或过小均影响稻米的黏性，从而使稻米食味品质变差（叶全宝等，2005；胡雅杰等，2017）。另外，在同样栽插密度下，不同株行距配置对食味品质也有一定影响，宽行窄株栽插方式优于宽窄行、宽窄行优于等行距栽插方式（林洪鑫等，2011）。因此，适宜的栽插密度和宽行窄株方式有利于稻米食味品质的提高（钱银飞等，2009）。

适宜的栽插密度应综合考虑地理条件、土壤肥力、品种类型、种植方式等多个因素。一般情况下，肥力中等偏上、大穗型品种宜稀植，肥力中等偏下、穗数型品种偏密植、旱育秧偏稀植、湿润育秧偏密植、杂交稻偏稀植、常规稻偏密植。单位面积基本苗数确定后，插秧规格所造成的株行间光照、营养、通风、湿度等田间生态环境不同，对食味品质的形成也产生一定的影响。在实际栽培过程中，应根据品种特性、秧苗素质、土壤状况和栽培目标等因素有针对性地选择栽插密度（图3-6）。粳稻机插栽培适宜的栽插行距一般为30厘米，株距11～13厘米，每亩插1.7万～1.9万穴，每穴3～5苗；籼稻机插栽培适宜的栽插行距一般为30厘米，株距13～16厘米，每亩插1.4万～1.6万穴，每穴1～2苗。扩大行距，缩小株距，有效调整通风透光性，使群体能够有效利用光能，保证个体的正常发育和群体协调发展，在水稻获得高产的前提下显著提高食味品质。

图3-6　水稻移栽密度

肥料运筹对食味品质有什么影响？

水稻一生需要的肥料主要是氮、磷、钾、硅四大元素及少量微量元素，其中氮肥对稻米食味品质影响最大。

氮素主要影响稻米的蛋白质含量，在一定范围内随氮肥用量的增加，蛋白质含量上升，稻米糊化温度增高，胶稠度降低，峰值黏度和崩解值减小，热浆黏度和消减值增大，米饭的硬度和完整性增加，但香气、光泽、味道、食味值等呈下降趋势（金正勋等，2001；高辉等，2010）。因此，增施氮肥不利于稻米食味品质的形成，这可能是由于蛋白质含量增加导致填充在淀粉颗粒间的蛋白质对淀粉粒的糊化和膨胀起抑制作用，使淀粉粒间空隙减小，吸水速率变慢，不利于稻米淀粉黏滞性的形成，使米饭黏度低、较为松散、硬度大，从而影响口感，食味品质变劣。不同时期施氮肥对稻米食味品质的影响程度不同，相同施氮量情况下，随穗肥比例的增加，稻米蛋白质含量逐渐增加，胶稠度减小，米饭完整性增加，米饭香气、光泽、味道、口感以及食味值均下降（沈鹏等，2005；朱大伟等，2018）。因此，尽量减少水稻生育后期施氮肥，提高生长前期的氮吸收量，有利于降低稻米蛋白质含量，增加胶稠度，显著提高食味品质。为协调优良食味水稻的高产与优质，基肥、分蘖肥与穗肥的比例以4∶3∶3或4∶4∶2的氮肥运筹模式较为适宜（胡群等，2017）（图3-7）。

图 3-7　水稻氮肥对品质影响试验

在水稻优质栽培管理中，为了提高稻米的食味品质，要控制好不同肥料的比例，坚持有机肥与无机肥兼施，氮、磷、钾肥平衡施用，适量增施硅锌肥的原则，保持养分全面持续供应。按照水稻生长发育的不同时期施用针对性的肥料，建议将有机肥作底肥，适度减少氮肥施用量或施氮时期前移，磷肥作为基肥，稳定磷肥施用量或适量减磷，增施钾肥或中后期适量补钾，穗肥适量补施硅锌肥，满足水稻在不同生育阶段的需求，可以进一步改善稻米食味品质（周娜娜等，2019；孙国才等，2012；胡雅杰等，2018）。

62 如何掌握氮肥的施用量？

施肥是影响稻米品质的主要栽培因素之一，其中氮肥对食味品质的影响最大。氮肥用量过多不仅会造成无效分蘖增多、病虫害加剧，而且导致空秕粒多、结实率下降，影响水稻产量，同时会使稻米蛋白质含量增加，米饭硬度增加，食味品质下降（丁得亮等，2008；涂云彪，2019）。尤其是在作穗肥施用时，氮肥施用时期过晚、用量过多，不仅会引起稻米蛋白质含量增加，而且会致使植株贪青、倒伏，影响品质和产量（庄义庆等，2005）。因此，水稻品质保优栽培的关键是控制氮肥施用量，穗肥应少施或不施氮肥。

氮肥的施用量需要考虑品种特性、土壤肥力、产量目标以及生育期间各种情况变化等，在施肥目标上应兼顾高产和优质。一般情况在中等及偏上肥力的稻田，按目标产量亩产700千克和品种特性确定总施氮量一般为15～18千克。不同类型的土壤对稻米品质也有一定影响。因此，要达到水稻品质保优栽培的目标，在栽培技术上要改变传统的施肥方式，尽量减少氮肥的施入，注意氮、磷、钾的比例，多施有机肥，增加土壤有机质，做到平衡施肥（图3-8）。

图 3-8 水稻田间施肥

63 如何进行看苗施肥?

看苗施肥就是根据水稻叶色黑、黄变化和秧苗长势长相进行施肥。水稻从移栽活棵到抽穗,叶色要有"两黑两黄"的变化。"一黑一黄",秧苗移栽返青后叶色迅速转深绿,至分蘖盛期出现"一黑",拔节前出现"一黄"。"一黑"不足,表示稻株营养不良,出叶慢,分蘖迟缓,分蘖势弱,成穗不足,此时需追肥。"一黑"过头,不显"一黄",或黑的持续时间过长,则叶片过大、组织柔嫩、分蘖不够健壮,就要排水晒田。拔节后幼穗分化、晒田复水,茎叶叶色由淡绿转青绿,出现孕穗期的"二黑",如果"黑"的墨绿疯长,要轻晒田调控,补追钾肥。在抽穗前几天,叶色又由深绿转淡绿,呈现"二黄",利于灌浆,使籽粒饱满,千粒重提高,茎秆坚硬不易倒伏。如果"黄"的枯黄,就要追施氮肥,但量要少施。灌浆期根据植株长势长相诊断可能出现脱肥现象时,可少量补施粒肥,保证水稻穗大、粒多、粒重、产量高。

64 如何掌握基肥、分蘖肥和穗肥的比例?

水稻有两个需肥高峰期,即返青至分蘖盛期和拔节至孕穗初期。施氮肥时期主要遵循两个原则,一是确保有效分蘖阶段水稻不缺氮,保持合理的氮浓度渐降动态,到无效分蘖期降到抑制分蘖的低氮水平。二是穗分化开始氮水平逐渐提高,进入二次枝梗分化以后达到适宜的氮水平,且维持到乳熟期,乳熟期后氮水平合理下降,有利于提高物质运转。相同的施氮量情况下,随穗肥比例的增加,稻米蛋白质含量逐渐增加,胶稠度减小,米饭香气、光泽、味道、口感以及食味值均下降。因此,尽量减少水稻生育后期施氮,提高生长前期的氮吸收量,有利于降低稻米蛋白质含量,增加胶稠度,显著提高食味品质。为兼顾优良食味水稻的高产与优质,基肥、分蘖肥与穗肥的比例以4∶3∶3或4∶4∶2的肥料运筹模式较为适宜(图3-9)。

图 3-9　水稻基肥和分蘖肥比例

65　水浆管理对食味品质有什么影响?

合理的水浆管理可以增加土壤的透气性，改善微生物环境，促进水稻根系的生长发育及对土壤养分和水分的吸收利用，进而有利于地上部生长和籽粒灌浆结实。不同时期水浆管理都会影响水稻的生长发育，如中期水浆管理不善，烤田不到位，影响根系发育，从而影响产量，降低品质。其中灌浆结实期是稻米品质形成的关键时期，这段时间的水浆管理对稻米品质影响较大。

水浆管理对稻米品质的影响因品种、氮肥施用等不同而有所区别。一般认为水稻灌浆结实期遇到水分胁迫会导致稻米品质下降，特别是对糙米率、精米率、整精米率、透明度、垩白大小、垩白粒率和垩白度等加工和外观品质影响较大，而对长宽比的影响较小（蔡一霞等，2002；张自常等，2011；杨建昌等，2005）。多数研究认为，中后期淹水灌溉会影响稻米品质，而干湿交替可以有效改善水稻根系和植株冠层性能，促进籽粒灌浆结实，从而提高糙米率、精米率、整精米率、透明度，降低垩白粒率和垩白度，有利于提升稻米加工品质和外观品质（张自常等，2011；顾俊荣等，2015）。也有研究认为，在水稻营养生长前期进行间歇性干旱处理能显著降低稻米腹白的发生，提高外观品质（Tashiro et al.，1980）。结实期轻度干湿交替灌溉能提高稻米的最高黏度和崩解值，降低热浆黏度、最终黏度和消减值，使黏滞性特征谱变优和改善食味（张自常等，2011）。重度干湿交替灌溉会使稻米黏性变劣、食味变差（刘凯等，2008）。

水浆管理也会影响稻米粗蛋白和脂肪酸含量等营养成分。当土壤水分含量逐渐降低时，通常稻米中的粗蛋白和脂肪酸含量有升高趋势（彭世彰等，2000；郑桂萍等，2004）。结实期轻度干湿交替灌溉增加了稻米中清蛋白和谷蛋白含量，降低了醇溶蛋白的含量，但对球蛋白含量影响不明显（张自常等，2011）。

水稻收获前不能断水过早。收获前随着断水时间的推迟，籽粒灌浆程度更充分，其糙米率、精米率、整精米率、长宽比逐渐增加，垩白粒率和垩白度有下降趋势，稻米加工品质和外观品质变好。一般在成熟前一周断水，在方便机械收获的同时可提升水稻品质。

南粳系列优良食味粳稻品种在水浆管理上要做到前期浅水勤灌促进早发，中期适时搁田强秆壮根，后期干干湿湿活熟到老。除了在移栽后活棵到分蘖期、孕穗至抽穗扬花期保持浅水层以外，其余时间均只要干湿交替，前期以湿为主，后期以干为主（图3-10），收获前7天左右断水，促进优良食味品质的形成。

分蘖期浅水灌溉　　　　　　　　　　拔节期烤田

图3-10　水稻不同时期的田间水分管理

66 病虫害防治对食味品质有什么影响？

水稻病虫害的发生与病虫害流行规律、种植品种和气候条件有关，不同年份发生的主要病虫害不同。近年来，江苏水稻发生的主要病害是稻瘟病、纹枯病、稻曲病、恶苗病、线虫病等，细菌性条斑病在局部地区也有发生。虫害主要是稻纵卷叶螟和稻飞虱。这些病虫害一旦发生不仅对产量造成严重损失，而且严重影响稻米的外观和食味品质（杨荣，2019）。

病虫害在水稻苗期、返青分蘖期、拔节孕穗期、抽穗扬花期、灌浆结实期等整个生长发育阶段均可发生，其中拔节孕穗后出现的病虫害对品质的影响最大。主要表现在以下三个方面：一是稻谷直接受病虫害危害，形成虫蚀粒、病斑粒和生霉粒等，使稻米的亮度、透明度降低，色泽灰暗，米饭有异味。除影响外观、色泽和味道外，有些病害如稻曲病会产生绿核菌素、稻曲菌素等毒素物质，不仅会引起人畜的呕吐，而且对胃、肝脏、肾脏等器官均有毒害作用，严重影响稻米的安全品质（乐丽红等，2018）。二是水稻上部功能叶受白叶枯病、细菌性条斑病侵染或稻纵卷叶螟等害虫取食后，光合速率降低，影响稻米中碳水化合物、蛋白质等干物质的合成（费鹏，2014）。三是纹枯病、穗颈瘟、二化螟、三化螟、飞虱等病虫害还会危害水稻茎秆、穗颈、穗轴及枝梗，造成光合产物无法有效转运到穗部或籽粒，影响幼穗分化和灌浆（尤国林等，2012）。因此，光合同化产物的合成、积累以及向籽粒的运输受阻，导致籽粒充实不良，空秕粒增多、垩白粒率和垩白度增加，千粒重降低，糙米率、精米率和整精米率下降，严重影响稻谷的商品价值。不仅如此，穗期病虫害还会影响食味品质的相关理化指标，随着病虫危害程度的增加，稻谷直链淀粉含量、碱消值有增加的趋势，蛋白质含量略有升高，而胶稠度降低，这些性状的改变都会影响食味品质，造成稻米的适口性变差（胡井荣，2008）。

鉴于病虫害对稻米食味品质产生的不良影响，在水稻种植过程中必须注重病虫害防治（图3-11）。目前，水稻病虫害防治仍然主要依赖防效好、见效快、成本低的化学农药。然而，大多数化学农药都会对生态环境与水稻健康生长产生不同程度的影响。要生产出食味优良、健康安全的高品质稻米，要充分利用品种抗性，采取生态控制、农业措施、生物防治、物理防治、科学用药等环境友好的措施来控制病虫害发生，有效减少化学农药特别是高毒、高残留农药的使用，提高病虫害防治效果，保证稻米的食味品质和食用安全（荆卫锋等，2010）。目前江苏省大面积推广种植的优良食味粳稻品种，对稻瘟病特别是穗颈稻瘟病的抗性较差，抽穗期遇到多雨年份，晚粳稻品种的稻曲病也较重。因此，要特别重视穗期病害的防治，避免因病虫危害影响稻米的食味品质。

图 3-11　田间病虫害防治

 如何防治穗颈稻瘟病?

　　稻瘟病俗称稻热病、火烧瘟、叩头瘟,是由子囊菌引起的一种真菌性病害。稻瘟病发生具有突发性、流行性和毁灭性等特点,特别是在丘陵地区高温、高湿的环境条件下病情蔓延极为迅速,从而给水稻生产造成严重威胁,一般减产10%~50%,严重时甚至颗粒无收。水稻整个生育期各部位均能发病(图3-12),根据发病时期和部位不同,稻瘟病分为苗瘟、叶瘟、节瘟、穗颈瘟以及谷粒瘟。稻瘟病菌侵染幼苗时,整个植株都会死亡;而稻瘟病蔓延到茎秆、节点或者谷粒时,水稻产量会有所下降,其中尤以穗颈瘟的危害最为严重(曹妮等,2019)。

图 3-12　田间稻瘟病危害

穗颈瘟菌丝生长温限 8 ～ 37℃，最适温度 26 ～ 28℃。孢子形成温限 10 ～ 35℃，最适温度 25 ～ 28℃，相对湿度 90% 以上。在阴雨连绵、日照不足、时晴时雨、早晚有云雾以及结露的条件下，穗颈瘟病情会迅速扩展。穗颈稻瘟病防治的关键是把握好防治时间，第一次在破口期（稻田零星看到稻穗伸出剑叶叶鞘），宜采用三环唑或稻瘟酰胺及其复配剂等喷施。第二次在齐穗期（全田 80% 的稻穗伸出剑叶叶鞘），宜采用嘧菌酯、吡唑醚菌酯及其复配剂等喷施。第一次防治的作用占 70%，第二次防治的作用只占 30%，因此，在破口期打好第一次药是防治穗颈稻瘟病的关键。

 下雨天应该如何打药？

水稻适期防治时需要提前关注天气预报，遇到下雨天打药坚持宜早不宜迟的原则。在适宜防治时间前 2 ～ 3 天抢晴天提早防治；一般破口期到齐穗期为 6 ～ 7 天，遇到低温连阴雨的特殊气候会造成破口期到齐穗期的时间拉长，则要增加防治次数，间隔 5 ～ 6 天防治一次。

打药后遇到下雨应分情况处理：一般施药 4 小时后药剂就基本被植株吸收，所以如果打药 4 小时后下雨，药剂已被植株吸收则不用重新打药。药后 4 小时内下间隙性小雨、雨量较小不影响药剂吸附时也不用重打。如果药后 4 小时内遇雨量较大，吸附的药剂被冲洗流失了，则需要抢雨后间隙补喷。

69 如何防治稻曲病？

稻曲病又称伪黑穗病、绿黑穗病、谷花病、青粉病，是一种由半知菌亚门绿核菌属绿核菌引起的水稻穗部病害，由于该病常在丰收年份发生严重，俗称"丰年谷"和"丰收果"。稻曲病不仅导致瘪谷率增加，产量降低，而且严重影响稻米的外观品质（张俊喜等，2016）。此外，病菌还能产生稻曲毒素，当稻谷中含有 0.5% 的病粒时就能引起人畜中毒症状（Nakamura et al.，1993）。

稻曲病一般在水稻破口前感病，并在开花后至乳熟期发病。在病原菌侵染初期，病斑很小并局限于寄主花序的颖片内，后逐渐扩大，直径可达 1 厘米以上，可将所在的花序部分完全包裹，形成稻曲球（图3-13）。稻曲球初期扁平、光滑，呈淡黄色，外面有一层被膜包裹，随着球体继续生长和膨大，被膜破裂，露出病原菌的厚垣孢子。在水稻成熟晚期，稻曲球表面可形成一到数个形状不规则的菌核，菌核可在一定条件下萌发产生子囊孢子（王疏等，1993）。

图 3-13　田间稻曲病危害

稻曲病菌以落入土中菌核或附于种子上的厚垣孢子越冬，第二年菌核萌发产生厚垣孢子，厚垣孢子再生小孢子及子囊孢子进行初侵染。气温在24～32℃时稻曲病菌发育良好，26～28℃时最适于病菌生长，低于12℃或高于36℃时不能生长病菌（沈永安等，1992）。稻曲病只能预防，一定要掌握好防治时间，破口前5～7天（俗称"大打苞"）是稻曲病最佳防治时间。遇到中温高湿天气时在破口期结合穗颈瘟加防一次，防治药剂主要采用井冈霉素、噻呋酰胺及复配剂等（郭才国，2013；刘梦泽等，2014）。

70　休耕轮作对食味品质有什么影响？

耕地长时间超负荷耕种会带来地力严重透支、土壤质量下降、生态环境恶化等系列问题，这种没有"地力"的土壤很难长出真正健康的水稻，稻米食味品质也难以保证。因此，近年来我国开始实行科学合理的耕地轮作休耕制度，让耕地休养生息，提升耕地质量，有利于水稻健康群体及优良食味品质的形成（曹东生等，2017）。

首先，休耕轮作能有效缓解茬口矛盾，保证水稻适时播种、移栽和收获，为稻米优良食味品质的形成奠定基础。江苏省主要的耕作制度是稻麦两熟制，近年来由于极端气候频发、稻麦品种搭配不合理、种植方式过于粗放、田间管理措施不到位等因素，稻麦茬口衔接矛盾日益突出。休耕轮作不仅能为优质水稻品种的选择提供更大的空间，同时还可以根据不同种植方式确定适宜的播种、移栽和收获时期，使稻米品质和产量形成的关键时期与最佳温光条件同步，达到优质高产的目标，提高农户单季种植效益。对于打造优良食味稻米品种品牌，提高产品竞争力，推动农业供给侧改革，促进农民增收、农业增效具有重要的作用。

其次，休耕轮作可以有效降低水稻病虫害的数量，减少化学农药的施用，有利于水稻健康生长，提高稻米食味品质并减少农药残留。研究表明，休耕轮作不仅能改变土壤环境，使部分土传病虫害无法正常存活，而且能有效切断一些寄生性强、寄主种类单一病虫害的食物来源，使其丧失生存、繁衍的条件。不仅如此，个别轮作植物的根际分泌物还可以抑制病原物的滋生。

再次，休耕还能减少对耕地有效土壤层的破坏，减少化肥施用量，避免土壤中氮、磷等元素的过度积累以及土壤理化性质的变化形成板结。在轮作过程中种植绿肥、增施有机肥等措施还可以有效提高土壤有机质和微量元素含量，显著降低土壤中镉、铅、汞等重金属元素的富集，避免稻米中重金属超标对公共食品安全造成的严重隐患。同时，这些措施还能提高稻米淀粉谱的崩解值，降低消减值，这些都有利于稻米食味品质的提升（奚岭林，2015）。

休耕轮作能有效减少后期氮肥的使用，适当提高南粳系列优良食味半糯粳稻的直链淀粉含量，降低胚乳蛋白质含量。在蒸煮时稻米吸水速度快、吸水量多，能充分糊化，米饭黏度增加，有弹性且米饭色泽油润、有光泽，适口性显著提高。休耕轮作还能提高铁、锰、锌、铜等微量元素的含量，而这些元素是香味化学物质2-乙酰-1-吡咯啉合成途径中酶和辅酶的重要成分（胡树林等，2001），也是优良食味粳稻品种如南粳46、南粳9108、南粳58中香味基因表达的物质基础。因此在休耕轮作土地上种植的优质香稻品种，香味较为浓郁。

根据时间长短，休耕轮作可分为季节性休耕、全年休耕和轮作休耕。不同地区实际情况不同，休耕轮作的方式也各异，如河北地下水漏斗区和西北生态严重退化地区等为了缓解生态问题进行多年休耕。东北三省、江苏省等地的休耕轮作则是为了调整农业产业结构，促进农业由增产向提质转变。江苏省是小麦生产的低质低效区，推行季节性轮作休耕，以生态休耕或轮作养地作物替代小麦种植，有利于恢复地力，为来年优质、高产、高效水稻生产做准备。其轮作休耕的方式是在水稻收获后进行休耕晒垡或稻绿肥、稻豆、稻油等轮作，实现用地与养地的结合。这种方式在改善生态环境的同时，优化种植结构，同时确保急用之时能够复耕，粮食能产得出、供得上。这不仅是落实"藏粮于地、藏粮于技"战略的具体表现，也是贯彻农业绿色发展理念的必然要求。

休耕轮作时应该根据不同地区的生态条件和耕作制度选择合适的绿肥。长江中下游稻区在休耕轮作中种植的冬绿肥以紫云英为主。紫云英又名红花草，属二年生豆科草本植物，具有较强的固氮能力，氮素利用效率较高，在腐烂分解时还可以激发土壤中大量的氮元素，对维持农田中的氮循环起重要作用。紫云英绿肥氮、磷、钾养分较高，100千克紫云英鲜草相当于4.16千克尿素，1.84千克过磷酸钙和0.48千克氯化钾，有机质含量也相当丰富，对培肥地力、减少化肥施用具有重要作用。紫云英绿肥还可以改良土壤团粒结构，增加土壤缓冲性能，使土壤疏松便于耕种。在休耕轮作中种植绿肥，耕地质量和肥力水平能得到明显改善。

71 有机肥对食味品质有什么影响？

水稻良好的食味品质不仅依赖遗传因素和气候条件，还依赖于产地环境所提供的营养成分。除土壤外，水稻生长所需的营养很大程度上来源于追施肥料，合理施肥能进一步提升稻米品质。水稻生产中常用的肥料有化肥、复合肥、有机肥等。长期大量施用化肥，不仅造成稻田土壤板结，肥料增产效应逐年下降，而且影响稻米品质，污染环境。有机肥能够协调养分供应、提升土壤肥力，且可持续增加产量，有利于改善稻米品质（梁建聪等，2009；杜雪，2016）。

有机肥种类繁多，根据来源特性可分为农家有机肥和商品有机肥。农家有机肥又分为人粪尿、厩肥、饼肥、绿肥、堆肥等。商品有机肥主要包括纯有机肥、复合有机肥、微生物有机肥、基质型生物有机肥等。工厂化和商品化生产的有机肥克服了传统有机肥外观脏、味道臭、体积大、肥效差的缺点，在农业生产中越来越受到重视。

有机肥含有丰富的大量元素以及多种中、微量元素,可为水稻提供全面均衡的营养。施用有机肥能促进土壤中氮等多种元素的释放,提高土壤有机质含量和保肥供肥特性,增加通气性,有利于水稻根系生长和养分吸收,抑制根系对重金属的吸收,提高土壤酸碱稳定性和抗毒性,有效改善土壤肥力(蔡光泽等,2003;梁建聪等,2009)。

有机肥对水稻生产有多方面的积极影响。有机肥料中的有益微生物利用土壤中的有机质产生次级代谢物,其中含有大量促生长类物质,能提高叶片光合速率,促进水稻中后期合理健康群体结构的形成,有利于病虫害控制,从而增强抗性、稳定产量。由于有机肥料中养分释放缓慢,肥效较长,水稻孕穗时养分供应充足,提升了孕穗至成熟期群体干物质的生长率,明显提高水稻每穗实粒数、千粒重及穗粒重,显著提高产量。施用有机肥可提高精米率、整精米率,降低垩白度和垩白粒率,改善加工和外观品质(马义虎等,2012;张志云,2016)。

有机肥通过有效提高土壤中的养分含量,最终能够有效优化水稻的整体食味品质,特别是生长后期施用有机肥,降低氮肥用量,可使胶稠度增长,食味品质得到明显改善(桂云波等,2014;王淼等,2019;陈帅君等,2016)。

在有机肥施用中需要注意合理施用有机肥的种类和施用量(邱荣富等,2006)。有些有机肥由于含氮量较低,在生产中需要在保证正常氮肥的前提条件下施用。优质品种在栽培过程中要合理施肥,少用氮肥,多用有机肥,特别是后期尽量不施氮肥,有利于水稻优良食味的形成。

有机肥虽然效果很好,但在生产上使用时分解相对较慢,肥效较迟。复合有机肥结合有机肥与化肥的长处,使得土壤中养分释放达到快稳缓急的合理搭配,创造容易促、控的高产土壤,改善水稻生长的微环境,有利于提高氮肥利用率,提高水稻的产量和品质。

72 硅对食味品质有什么影响?

水稻是喜硅作物,水稻茎叶干物质含硅量高达15% ~ 20%,硅是水稻生长的必需元素,其作用仅次于氮、磷、钾,并对水稻生长发育具有重要作用(殷碧秋等,2010)。

水稻在生长发育过程中需要不断从土壤中吸收硅元素，以满足生长代谢的需要，水稻生产100千克籽粒需吸收22千克硅，一个生长季节每公顷高产水稻可以吸收土壤中1125～1950千克的二氧化硅（陈平平，1998）。如果缺硅就会出现苗期叶片披垂，灌浆期易倒伏，功能叶过早死亡而影响光合作用，造成后期植株早衰，影响产量和品质。

硅能够改善酸性土壤，矫正土壤酸碱值，改善土壤微环境，增强水稻根系活力，提高植株对水分和养分的吸收量。硅还能提高土壤碱解氮、速效磷、有效钾含量，从而提高水稻植株对氮磷钾的利用率，也能促进土壤中锰、铜、铁、锌等微量元素离子移动，使植株养分供应充足，减少化肥的使用量，降低稻米的蛋白质含量，提高食味品质。此外，硅酸根能和土壤中的镉、铅、汞等重金属发生化学反应，抑制根系向籽粒中转运重金属，从而降低重金属在稻米中的积累（彭华等，2017；Yu，2016）。硅元素还能通过增加水稻茎叶表层细胞壁的厚度，提高抗病虫害能力，减少农药使用和投入，提高稻米的安全品质和食味品质（贾建新等，2011；雷雨等，2009）。

适量施硅能降低稻米直链淀粉含量，影响蛋白质含量、增强稻米中香味物质的合成，对改善稻米蒸煮和食味品质有一定的作用。适量施硅能使稻米最高黏度、胶稠度和崩解值提高，糊化温度和消减值降低，从而提高稻米的蒸煮食味品质（李琳等，2020）。合理使用硅肥还能改善稻米的加工和外观品质（图3-14）。适量施用硅肥能提高稻米糙米率、精米率、整精米率，降低稻米垩白粒率、垩白度，其中垩白度下降比较明显，但是过量施硅对降低垩白粒率不利（张国良，2005）。施硅还能降低裂纹米率，提高稻米透明度。

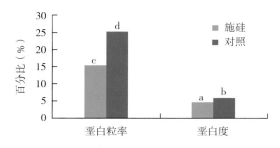

图 3-14　硅肥对南粳 46 外观品质的影响

（王力，2017）

水稻生长所需的硅肥主要来源于土壤。硅在土壤中约占1/4，但由于在常温下土壤硅溶解度非常低，可供植物吸收的可溶性离子或分子态硅含量很低。土壤中水稻可以吸收的有效硅浓度低于每千克80毫克，属于供硅低的土壤；有效硅浓度在每千克80～120毫克为供硅能力中等土壤；有效硅浓度每千克200毫克以上为供硅能力高的土壤。一般以水稻成熟期茎叶中含硅量低于10%的有效硅作为水稻缺硅的植株诊断指标。

目前，水稻生产中应用的硅肥种类很多，主要有枸溶性硅肥、水溶性硅肥、硅复合肥、生物硅肥4种。不同的硅肥使用方式也不同，可以施入土壤作基肥，也可以叶面喷施作追肥。叶面喷施水溶性硅肥利用效率较高，一般在分蘖期、孕穗期、开花期进行。对南粳系列优良食味粳稻来说，适量施入硅肥能有效增加产量，并显著改善稻米外观、加工和食味品质，尤其在倒二叶期增施硅肥能够起到增产保优的效果。需根据不同地块土壤有效硅的含量与硅肥水溶态硅的含量确定硅肥施用量，当土壤有效硅大于20%时，硅肥施用量每亩为10～25千克，叶面喷施硅肥根据浓度不同喷施量每亩一般为100～500克（李军等，2018）。

73 镁对食味品质有什么影响?

水稻生长除了需要氮、磷、钾等大量元素外，对中量元素镁的反应也比较敏感。合理施用镁肥对保持土壤养分平衡、提高水稻产量、改善稻米品质有重要意义。

土壤镁的形态主要有矿物态镁、交换态镁、酸溶态镁、水溶态镁等无机态镁及少量有机结合态镁。其中交换态镁与水溶态镁统称为有效态镁，是植物可利用的镁。矿物态镁和有机结合态镁一般需要经风化或分解后才能被植物利用。酸溶态镁是在一定酸度条件下能释放出的镁，是植物能利用的潜在性有效态镁，所以亦称缓效性镁。大多数土壤的含镁量为0.3%～2.5%，其中70%～90%是矿物态镁，交换态镁约占镁总量的6%。交换态镁和水溶态镁的含量是衡量土壤中镁的丰缺程度的重要指标。土壤有效镁含量小于每千克20毫克为缺镁，每千克20～85毫克为中等含镁量，大于每千克85毫克为高含镁量。

镁作为作物生长的必需元素之一，是形成叶绿素的重要成分，对植物的光合作用、能量代谢、核酸和蛋白质合成有重要影响，且与稻米食味品质有着密切关系（刘君汉，2001）。植物体中参与光合作用、糖酵解、三羧酸循环、呼吸作用、硝酸盐还原等过程的酶都需镁来激活。通过酶的活动，间接影响水稻根、叶中的蛋白质、糖、淀粉、核酸等的合成分解以及运输分配，最终影响水稻的产量和品质（温海英等，2014；钱永德，2012）。

　　研究表明，缺镁地区追施适量镁肥可以提高稻米加工品质和外观品质，而对稻米直链淀粉和蛋白质含量、糊化温度的影响则因品种而异，但适量施用镁肥能够显著提高稻米的食味品质（刘显爽等，2015；杨文祥等，2006）。

　　对南粳系列优良食味粳稻的研究表明，孕穗期追施镁肥能够显著提高糙米率、精米率和整精米率（图3-15），显著降低垩白粒率和垩白面积，显著改善加工品质和外观品质，同时减少蛋白质含量，增加直链淀粉含量和崩解值，降低消减值、最终黏度和糊化温度，使米饭食味值变优、香气增加。此外，增施镁肥能够显著增加稻米中氮、镁、锌、锰、钙、铜等元素的含量，提高稻米营养品质（李军等，2018）。

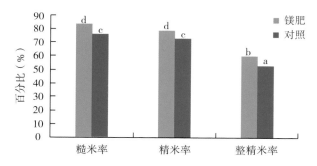

图 3-15　镁肥对南粳 9108 加工品质的影响

（李军，2018）

注：a、b、c、d，为平均数的差异显著性标示，不同小写字母表示 5% 水平差异显著。

　　农业上施用的镁肥主要有硫酸镁和钙镁磷肥。硫酸镁肥的氧化镁含量 ≥30%，而钙镁磷肥的氧化镁含量 ≥12%。镁肥施用方法主要有基施、沾秧根和根外喷施 3 种，以基施效果最佳。即在栽秧前耙田时一次性施入，施用量以每亩 10 ～ 15 千克硫酸镁或 25 ～ 40 千克钙镁磷肥为宜，基施镁肥后可隔一年再施。根外喷施时用硫酸镁兑水，在水稻分蘖期进行，浓度为 2% ～ 3%；沾秧根用 10% 硫酸镁溶液浸泡秧根 20 分钟后栽插。

74 锌对食味品质有什么影响？

锌在水稻体内的含量低于氮、磷、钾，但对水稻生长发育的影响也很大。锌在植物体内的作用是充当养分的管理者，协调营养元素在体内的分配，将氮磷钾分配到作物需要的部位。锌也是植株体内氧化还原的催化剂，促进叶绿素和生长素的形成，是多种酶的组成部分，参与碳水化合物的合成与转化。水稻对缺锌较敏感，会延缓生长发育，植株矮小，叶片中脉变白，分蘖受阻，出叶速度慢，最终降低抗逆能力、影响产量。因此，锌对提高水稻抵御外界胁迫，增强抗病性、抗寒性、耐盐性，促进水稻的生长发育具有重要作用（Mathpal et al.，2015；张凯岳，2015）。但叶片的锌含量也不是越多越好，当叶片锌含量每克超过0.4毫克时就会产生毒害作用（郑建峰，2017）。

许多研究表明锌肥可以明显改善稻米品质。施用锌肥可以显著提高优良食味粳稻的精米率和整精米率，降低垩白度和垩白粒率，改善稻米的外观品质和加工品质（郑建峰，2017）。锌肥对稻米的蒸煮品质也有重要影响，倒二叶追施锌肥能够提高南粳9108的胶稠度、最高黏度、崩解值、口感和食味值；施锌还可以增加碱消值，降低稻米直链淀粉含量，提高稻米营养品质和蒸煮食味品质，这是因为施锌增强了水稻的光合作用，对碳水化合物转化酶具有活化作用，从而提高稻米品质（刘建等，2005；黄锦霞等，2010）。

研究还发现锌肥能增加稻米的香味。稻米的香味主要是因为稻米中含有一种叫2-乙酰-1-吡咯啉（2-AP）的挥发性有机物。锌肥可以通过增加这种香味物质的形成来提高稻米的香味，孕穗期喷施氯化锌能够增加香稻籽粒2-AP的含量（Lei，2015；Luo，2019）。此外，施锌还可以明显降低糙米对镉的积累，这可能是由于锌和镉之间存在拮抗作用，锌浓度的增加会影响镉在细胞中的转移，从而降低了镉从地上部分转运到籽粒的效率（Fahad et al.，2015）。

土壤中的锌可分为水溶态锌、代换态锌、难溶态锌和有机态锌。对作物有效的锌主要是代换态锌。我国土壤普遍缺锌，尤其是石灰性土壤，包括石灰性水稻土。缺锌与否受土壤pH影响，一般pH超过6.5的土壤容易缺锌，盐碱地缺锌更明显。低温也影响土壤锌的有效性，旱栽田在低温连阴雨情况下也容易引起缺锌。锌肥在缺锌土壤施用的效果较好，施用方法有蘸秧根、基施、喷施和追施等（杨波等，2018）。

蘸秧根：每亩用氧化锌200克或七水硫酸锌（ZnSO$_4$·7H$_2$O）300克加细干土配成0.5%～2%的泥浆溶液，将水稻秧苗根部浸入溶液中蘸匀即可插秧。基施：整田时每亩用1千克硫酸锌拌入细土或其他酸性肥料中均匀撒施。锌肥后效期长，作基肥每2～3年施用一次即可。喷施：用0.1%～0.3%的七水硫酸锌溶液，在秧苗2～3叶期喷施；移栽大田在分蘖期每隔7～10天喷施1次，连续2～3次；直播田在3叶期、5叶期和分蘖期各喷1次。用于增加稻米香味时在孕穗期喷施。追施：移栽后10～30天出现叶色退绿，生长迟缓等缺锌现象时，每亩追施硫酸锌1～1.5千克，均匀撒施。施用锌肥时注意不要与碱性肥料和农药混用。

75　收获时期对食味品质有什么影响？

收获时期对稻米品质有较大影响，收获过早和过迟都不利于优良食味品质的形成，必须做到适时收获。相关研究表明，同一品种在栽培条件相同的情况下，食味品质与粒厚密切相关，籽粒越厚，食味值越高，这主要与籽粒的充实度有关。收获过早，稻谷籽粒中水分含量较高，由于没有完全成熟，不仅产量损失很大，而且青米粒率较高。谷粒硬度不够造成碾米过程中容易发生断裂，精米率和整精米率都较低，米质较差（李中青等，2008；吕文俊等，2018）。后期随着成熟度的提高，籽粒变成黄色，饱满紧实，硬度提高，进入适宜收获时期，品质逐渐上升（图3-16）。

适时收获　　　　　　　　　　收获太早

图 3-16　收获时期对稻米品质的影响

收获过晚时，白天和夜晚的温差逐渐增大，谷粒夜间由于外界湿度大而吸水，白天由于外界温度升高而蒸发失水。反复吸水、失水导致谷粒淀粉排列疏松、硬度降低，米粒出现裂痕，加工时容易断裂，整精米率下降。而且延迟收获的谷粒，由于胚乳淀粉被分解而导致垩白度和垩白粒率增加，透明度降低。这些细微结构的变化都和稻米食味品质密切相关（张振宇等，2010；苗得雨等，2007）。收获过晚还会影响稻米黏性和蛋白质含量，造成直链淀粉含量不同程度提高，淀粉最高黏度和崩解值降低，冷胶稠度、消碱值和回复值升高，这些都影响了食味品质的形成（李旭等，2014）。此外，收获时间对粳稻的气味也有影响，收获过迟会导致稻谷和稻米的香味下降。收获过迟还会影响下茬作物的播种，不利于土地利用。

由于不同地区成熟期的气候条件和种植品种不同，最佳适宜收获期也不同，需要根据当地的温度变化情况，确定品种的最佳收获期。一般来说当95%的谷粒黄熟、籽粒饱满坚硬时为最佳收获期。研究表明，籽粒在灌浆过程中，随着淀粉粒的不断充实，籽粒中的水分含量逐渐下降，粒重逐渐增加。当水分含量下降到25%左右时，粒重不再增加。因而将稻谷含水量25%左右作为最佳收获时期的标准。适时收获，不仅结实率高，充实度好，有利于增加粒重，提高产量，而且糙米率、精米率及整精米率高，垩白粒率和垩白度低，透明度好，淀粉的糊化特性和米饭蒸煮品质也较好，有利于优良食味品质的形成。根据对南粳5055和南粳9108的研究表明，抽穗后50～55天为最佳收获期，提早和推迟收获都会降低直链淀粉含量，影响食味品质。

俗话说"麦熟要抢，稻老要养"，那是不是收获越迟品质越好呢？其实不是的。养老稻是有条件的，当稻谷完全成熟后，天气晴好时推迟一周左右收获有利于籽粒脱水，完成后熟作用，对产量和品质都没有影响。但是由于地球温暖化影响，江苏省近年来秋季雨水增多，往往不具备养老稻的天气条件。如2013年和2014年水稻收获期间长期连阴雨，有些农户由于没有及时收获，结果造成长时间无法收获，严重影响产量和品质。2018年一些农户由于没有晒场，想利用晴好天气等下霜脱水后再收获，结果霜没下却遇到了下雪天气，等到天晴雪融化后再收获，造成严重的产量损失和品质下降，种子田还严重影响了发芽率。

第四章

优质稻米加工技术

76 烘干温度对食味品质有什么影响？

刚收获的稻谷含水量一般约为25%，甚至更高，需要通过烘干或晾晒降低水分（森下光宏，1997）。烘干或晾晒过程中需要注意以下问题：刚收获的稻谷要及时摊开晾晒或烘干，不能长时间堆在一起。如果遇到阴雨天气，要在室内摊开并定时翻堆，防止稻谷发热。发过热的稻谷加工成的大米，色泽发黄，严重影响米饭口感。晾晒切忌高温季节在水泥晒场暴晒，以免稻谷脱水过快影响加工品质和食味品质。也不能直接在土筑晒场晾晒或铺设不透气的塑料薄膜晾晒。有的农户在柏油马路上晾晒，稻谷吸收柏油异味会影响稻米口感，如果是交通要道，经常有车辆经过，不仅影响交通，汽车轮胎碾压稻谷后会增加碎米率。

一般采用35～40℃的低温对稻谷进行烘干，稻谷表面温度不能超过38℃，脱水速度宜控制在每小时稻谷含水量下降0.7%以内，有利于保持稻米的优良品质。如果烘干温度过高，由于谷粒导热性差，水分流失快，内外部存在较大温湿度差异，同时在烘干过程中谷粒受到摩擦和碰撞还会产生热量，使表面温度进一步升高。这些温湿度差异产生的挤压作用会造成谷粒表面水分蒸发和内部水分扩散不平衡，籽粒容易产生裂纹，在随后的碾米过程中出现龟裂和爆腰现象，导致碎米率增加，整精米率降低；爆腰会增加5%～15%，破碎率增加0.5%～1%，有时高达3%以上，不仅影响米粒外观，而且煮饭时饭粒容易开裂，影响米饭外观，食味品质下降，严重影响稻米的经济价值（李维强，2014；张尚兴等，2019）。高温烘干还会使稻米糊粉层和胚芽中的一些营养成分向胚乳中转移，从而降低食味品质（蔡雪梅，2013；朱宝成等，2018）。

加工质量对食味品质有什么影响？

稻米的加工过程主要分为初清存储、砻谷前清理、砻谷脱壳、碾白凉米、抛光色选分级及成品整理打包6个工段，其中砻谷、碾米和抛光是影响稻米品质的主要工段。

砻谷是将稻谷脱壳形成糙米的过程，砻谷的效果取决于砻谷设备和工艺，直接影响出米率和出米质量。为减少糙碎，增加整精米率，一般根据稻谷原料（长宽比、含水量等）和加工季节的不同，选用不同的砻谷机或砻谷工艺（徐润琪等，2003）。常用的砻谷设备按照工作原理不同分为砂盘砻谷机和胶辊砻谷机。砂盘砻谷机主要通过调节上下两盘之间的距离来获得最佳的砻谷效果，胶辊砻谷机主要通过选用不同软硬程度的胶辊来提高砻谷效果。另外，砻谷时物料的流量对脱壳率和糙碎率也有影响，一般脱壳率随物料流量的增加而降低，而糙碎率呈上升趋势。

碾米是去除糙米表面影响米饭适口性和消化吸收率的糠层和胚芽的过程，糙米碾白对稻米加工、外观、营养、蒸煮食味品质等方面均有影响。研究表明，随着碾米强度的增加，精米率、整精米率和精米碎裂率不断下降，精米的吸水比、体积膨胀比、米粒长度呈先增加后减少趋势，精米的透明度、精白度等外观品质变优，粗蛋白、粗脂肪、粗纤维含量等营养品质下降，淀粉的峰值黏度、最低黏度和崩解值呈上升趋势，消减值和糊化温度呈下降趋势，米饭的黏性增加、硬度与咀嚼性降低（罗玉坤等，1989；廖伏明，1994；周晓晴，2103）。稻米破碎度的增加会降低米饭硬度，但米饭的黏度和水溶性蛋白质含量会增加（Wang et al.，2011）。对于有香味的稻米而言，随着碾米强度的增加，精米中挥发性香气物质的含量逐渐减少，3-戊烯-2-醇在精米中含量降低，最终米饭中的香气主要来自2-乙酰基-1-吡咯啉（Jinakot et al.，2019）。也有研究发现，不同程度轻碾后生米中的挥发性香气物质有差异，但煮成米饭后消费者往往对不同样品香味的差异不敏感（Rodríguez-Arzuaga et al.，2016）。在实际碾米生产中，应根据不同原料品种和成品等级来合理选配碾米机型，采用科学工艺完成稻米粗碾和精碾，最终获得较高的精米率（刘厚清等，2017）。

抛光是清除米粒表面米糠的过程，有利于提高大米的外观和食用品质。但稻米中的营养品质，如蛋白质、脂肪、膳食纤维、γ-谷维素、多酚、维生素E、总抗氧化活性和自由基清除能力均可随抛光时间的延长而降低，而有效碳水化合物含量则增加；稻米煮熟后，米饭的白度、饭粒完整性、蓬松度、硬度、黏性、米饭香味均呈上升趋势，咀嚼性呈下降趋势（Shobana et al.，2011；张敏等，2017）。目前生产上主要使用机械抛光。

稻米加工应综合考虑商品性、营养、蒸煮食味品质，建立综合的评价体系来平衡加工质量与稻米品质之间的关系，同时考虑品种类型的差异。稻米加工还需注意适度加工（宋婷，2016）。采用分层精碾的方式，碾米过程中粮温上升控制在20℃左右，出机时粮温控制在40℃以下，最多抛光1次。

 如何控制加工时稻谷的含水量?

稻谷含水量在15%～17%时加工的稻米食味品质较好，新国标规定优质粳米的含水量为15.5%。烘干后稻谷的含水量不能太低，如果含水率低于13%，稻谷过于干燥会使稻米加工时易产生裂纹，碎米率增加，降低加工品质，还会影响米饭口感，降低食味品质，同时造成部分收获重量损失（汪楠，2017）。江苏由于冬季温度高湿度大，为了有利于储藏，人们常常将稻谷烘得太干，特别是有的粮食收购商要求稻谷含水量低于标准含水量，有时甚至低于13%。在日本，大米属于鲜活农产品，大米的含水量是食味的成分之一，必须保持适宜的含水量。我国新国标规定优质灿米的含水量为14.5%，优质粳米的含水量为15.5%，过高或过低都会影响食味品质。有的大米加工企业销售的大米含水量也太低，不利于食味品质的提高。江苏的优质稻米大多是半糯品种，含水量太低时大米外观象糯米一样发白，外观品质变差（图4-1）。因此，为了保持半糯粳稻的优良食味品质，稻谷和大米的含水量都要控制在标准含水量范围内（杨洪建，2019）。

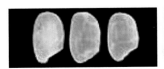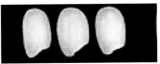

18% 水分　　　　　　　8% 水分

图4-1 不同水分含量的南粳9108稻米外观

包装对食味品质有什么影响?

稻谷加工成大米后由于失去了稻壳的保护,胚乳直接暴露于外,易受外界温度、湿度、氧气等环境的影响,特别是在梅雨季节的高温高湿条件下易发热、生虫、霉变,造成损耗和养分损失。为了更持久地保存稻米的食味品质,大米的包装就尤为重要。大米包装的基本要求是防虫、防霉、保鲜和取用方便。不同的包装材料对大米贮藏有显著影响,特别是材料的透湿和透氧性对袋内环境影响很大。大米储运过程中吸水较多容易生虫霉变,影响外观品质和质量安全;失水较多则大米易爆裂,食用品质降低(张红建等,2017)。目前市场上的大米主要有常规和真空/充气两种包装方式。

人们日常家庭食用的普通大米,包装体积较大,包装形式较为单一,一般为编织袋或普通塑料袋等。这类材料防滑性好、不易变形、耐冲击性好,价格低廉便于运输。但其防潮和防虫性差、环境污染大,在保持食味方面功效最差。为了克服以上缺点,生产厂家开发了复合包装材料,如聚乙烯、聚乙烯/尼龙/聚丙烯复合塑料袋等。这类复合材料具有较好的气密性和防潮性,透湿率小,能使大米处于稳定的低氧状态,达到保鲜、保香、防劣变等效果,是近年来国内大米加工企业普遍采用的包装材料(王立峰等,2014;李闯等,2017)。

随着科技发展和市场需求的变化,一些新材料也逐渐用在大米包装保鲜上,例如纳米材料、天然环保材料等(田学军等,2015)。纳米包装材料微观结构紧密有序,具有较好的阻隔性,通过对袋内气体的调控抑制霉菌生长、降低脂肪和蛋白氧化,延缓大米陈化劣变速度,有效保持大米的色泽和风味,是近年来比较流行的大米包装材料(李莉等,2016)。天然环保包装包括纸质、竹质、木质、棉麻织物等包装,主要用于大米的礼品包装。纸质包装以牛皮纸为主,不仅耐破损,具备一定防潮能力,而且轻便,易于印刷、加工、运输和携带,经济成本较低。纸质包装袋内壁镀膜后,防潮性能有了很大提升,应用更加广泛。棉织品包装具有较好的吸湿和保湿性,耐热性能良好,对碱的抵抗能力较大。麻布质地坚实耐用,防水性好,耐腐蚀,不易霉烂虫蛀。纯天然竹制包装造型古朴,安全环保,而木质包装更为华美高档,用于商务礼品较多。

这些天然环保包装绿色健康、无毒无害，可以自然降解，不会污染环境，越来越受到消费者的欢迎（侯耀玲，2012；张红建等，2018）。

近年来，高科技的新型包装技术在大米加工中得到了广泛应用，主要有真空包装和充气包装等。真空包装技术应用最为广泛，利用真空包装袋良好的气密性，大米保质期可达6个月以上，是保鲜大米的最佳手段。充气包装一般充入的是无色无臭、化学性质稳定的二氧化碳或氮气。真空和充氮包装都能有效降低包装袋内的氧气浓度，减少储藏过程中水分的散失，抑制大米呼吸和霉菌繁殖，防止大米陈化、发霉、生虫等，较好地延缓米饭风味物质的劣变，保持大米的原始品质，口感更佳。选购过程中需要注意包装袋破损会导致保鲜功能失效（姜平等，2012）。

随着家庭人口减少和人们审美观点转变，未来大米包装朝着"大改小，重改轻"的趋势发展，保鲜效果需要兼顾多样化、透明化、美观化，同时还要注意绿色环保理念，使用可回收材料。消费者选择大米包装的时候，需要考虑食用对象、食用时间、消费能力等方面的因素，选择符合需求的大米包装。南粳系列优良食味品种大米在市场上主要有普通塑料袋、牛皮纸包装和真空包装等。南方梅雨季节前后和高温季节需注意不适宜选购普通塑料袋大包装的南粳大米，小袋真空包装的南粳优质大米在高温和潮湿的条件下食味品质更有保障。

 储藏温度对食味品质有什么影响？

稻谷具有颖壳保护，有利于保鲜，是最常见的稻米储藏方式。稻谷在储藏过程中，受外界环境和自身新陈代谢的影响，品质容易发生劣变，即陈化。温度是影响稻谷储藏过程中品质变化的主要环境因素之一，优质稻谷对储藏温度较普通稻谷更为敏感。通过调节储藏温度可以有效缓解稻谷的陈化速度，实现保鲜储藏。南方地区大多数稻谷仓储企业根据《粮油储藏技术规范》的相关规定进行低温储藏和准低温储藏。低温储藏是将储粮温度常年控制在15℃以下，达到储粮品质保鲜、抑制有害生物生长与危害的目的。准低温储藏是将储藏温度常年控制在20℃以下，达到延缓储粮陈化、抑制虫霉生长与危害的目的。此外，有时也将稻米进行常温（25℃）短期储藏。

在储藏过程中，稻谷品质的劣变与其主要成分如淀粉、脂类、蛋白质等有密切关系。因此，储藏温度对稻米品质的影响主要是通过影响淀粉、脂类、蛋白质造成的。优质稻米中脂类化合物含量不高，糙米中仅含有2.4%～3.9%，但它的组成成分和储藏过程中发生的化学变化对稻米的食味品质和储藏品质都产生显著影响。在稻谷储藏过程中，脂肪最先开始水解成游离脂肪酸，储藏霉菌分泌的脂肪酶能促进脂肪水解成游离脂肪酸，游离脂肪酸中的亚油酸和亚麻酸氧化生成醛、酮类物质，加速稻谷劣变。优质稻米脂肪酸组成中亚油酸占40%以上，脂氧化酶活性较高，不耐储藏。储藏温度越高，陈化稻谷中的游离脂肪酸含量越高，15℃低温储藏可以有效抑制脂肪酸含量的增长，保持优质稻谷品质，延缓陈化作用（尹阳阳，2010；王雪梅，2011）。

储藏温度对淀粉含量和特性也有影响。随着储藏温度的升高，支链淀粉转变为直链淀粉或者糊精，少部分转变为相对分子质量较小的支链淀粉，导致总淀粉含量降低，直链淀粉含量升高，食味品质变差（贺梅等，2007）。此外，低温储藏可以显著影响淀粉黏滞性，有效抑制储藏过程中峰值黏度、最终黏度、回复值、消减值的增加，而对淀粉的糊化温度没有明显影响。

在稻米储藏过程中，蛋白质总量基本不变，可溶性蛋白含量降低，包围在淀粉上的蛋白质的巯基（—SH）被氧化成二硫键（—S—S—），导致蛋白质相对分子质量增大、亲水性降低，蛋白质在淀粉周围形成坚硬的网状结构，限制淀粉糊化过程中的吸水膨胀，导致米饭变硬，黏性降低（赵学伟等，1998）。高温储藏对谷蛋白性质影响较大，加快了谷蛋白的氧化过程，促进—SH向—S—S—转变，吸水能力降低，进而导致稻米品质劣变（胡寰翀，2010）（图4-2）。

对照　　　　　　　　　高温保存 12 周后

图 4-2　稻米高温保存 12 周后

选择合适的储藏温度对于保持稻米品质和降低储藏成本十分关键。低温储藏可以显著降低稻米的陈化速度。稻谷入库后应及时利用机械制冷降低粮温，缩小粮温与外温的差异，使粮温分段降低至20℃左右、15℃左右和10℃以下，防止发热、霉变、结露等（王娜，2010）。秋冬季节粮温应保持在10℃左右，其他月份保持在15℃，最高温度不能超过20℃，确保粮食安全储藏，保持稻米的优良品质。

第五章

优质稻米蒸煮技术

 煮饭质量对食味品质有什么影响？

稻米的蒸煮是指将米加水、加热成为饭的过程，实质就是加水、加热使稻米胚乳中的淀粉糊化。所以无论怎样优质的米，如果淀粉没能很好地糊化，就不能获得好吃的米饭。浸水与否、浸泡时间、加水量、烧饭的火候与时间等均对米饭食味有很大的影响。因此，对米饭的食味而言，蒸煮过程也是一个重要的影响因素。米饭蒸煮主要包括三个过程：水分在大米颗粒内扩散；大米在水中加热到淀粉糊化温度，细胞内储存的淀粉随糊化膨胀；胚乳中的细胞壁破坏，淀粉、细胞壁碎片等物质浸出到水中（徐丹萍，2019）。米饭蒸煮过程变化与蒸煮方式有关，且三个蒸煮过程之间互相影响，最终影响米饭的食味。对同样的大米而言，蒸煮方式是影响米饭食味品质的重要因素，蒸煮方式不同，米饭食味品质形成的机理亦不同。

稻米蒸煮过程中，蒸煮器具、电饭锅质量、蒸煮方式、米水比例、水质、浸泡时间、蒸煮时间以及焖饭时间均会对米饭的食味品质产生影响，其中米水比例对食味品质的影响最大。

 煮饭器具对食味品质有什么影响？

煮饭是利用能量或热源对大米进行加热熟化的过程。采用不同的加热方式、升温速率及蒸煮时间制作米饭，其食味品质存在差异。要想煮出晶莹饱满、软硬适中的米饭，必须选择好的煮饭器具。常见的煮饭器具有灶锅、蒸锅、电饭锅、电压力锅等，它们的共同特色是锅底部加热，热气在密闭的锅内产生对流，米饭在热气的对流中慢慢煮熟。现代家庭最常用的煮饭器具就是电饭锅了。

随着科技的进步，烹饪的器具早已更新迭代，人们日常煮饭的器具也经历了锅—电饭锅—IH电饭煲的演变。这些器具的区别首先在于不同的加热方式，电饭锅是以电传导加热，使米饭在热气对流中煮熟，由于有自动定时炊饭的功能，并不需时时刻刻待在一旁监看火候，它们的方便性也就逐渐取代了利用柴火和炉灶炊饭的传统煮饭方法。但因以前的电饭锅都是采用锅底加热的方式，米粒容易受热不均匀，最常见的情况就是锅底的米饭太黏又没有弹性，表层的米饭则又太干，最后只剩下中间部分的米饭最好吃。目前最流行的是IH（电磁加热）电饭锅，它依靠磁力线穿透锅体，通过电磁线圈接通交变电流，直接对金属内胆进行加热，越过了加热盘的热量传导过程，升温迅速，整个内胆同时加热，加热速度快、受热均匀、蓄热量大（关阳等，2020；李强，2014）。利用IH电饭锅煮熟的米饭粒粒饱满、晶莹剔透，看上去就非常有食欲（图5-1）。同时口感更软糯，经过细细咀嚼的米饭还带有一丝甜甜的味道。

电热元件加热　　　　　　　　　　　　　电磁感应加热

图 5-1　不同加热方式电饭锅制作的米饭

（关阳，2020）

电饭锅的核心部件内胆，也是直接影响米饭口感的重要因素之一。目前市场上的电饭锅内胆叫法多样，而关键依旧是制作材料、表观处理工艺和造型设计。传统电饭锅内胆以铝合金为主，技术含量不高；而主流的电饭锅内胆多以铁质作为热源载体，外加铝、炭、搪瓷等材料复合加工，辅以化学不粘涂层、陶瓷层等表面处理工艺。相比之下，厚内胆加热相对更均匀。

作为电饭锅鼻祖的日本，光是先进的加热技术和内胆工艺就打遍天下无敌手。但是现在，去日本"抢"电饭锅这个概念早已过时，国内也有很多好电饭锅品牌，IH技术早已是标配，在此基础上还研发了更多令人惊艳的功能。比如美的、大松等品牌生产的最新款电饭锅在搭载高性能的立体IH加热技术后，还通过上盖加热进行高温蒸汽补炊，让米饭二次增香，可谓锦上添花。

南粳系列品种本身品质优、口感佳，配上一款好锅就更加如虎添翼，经过烹煮后的米饭，颗粒饱满、口感软糯香弹，每一口都能吃到更多"甜"味。

如何选购电饭锅？

俗话说"好米配好锅"，想要吃一口香喷喷的米饭，一口好的电饭锅是必不可少的。同样的稻米用不同的电饭锅来做，绝对是不一样的口感体验，这就要求我们学会如何正确挑选电饭锅。

加热方式是选择电饭锅的重要参数，它影响着米饭的成熟时间和最终口感。传统的智能电饭锅通过传统导热方式底盘加热，时常会有米粒上下加热不均匀的情况，但是价位相对较低，一般在100～300元。最新的IH电磁加热电饭锅可以让米饭立体受热，蒸煮出来的米饭口感更好，不过其价格较高，市场主流产品价格多为500～1000元。

电饭锅一般分为微电脑式智能电饭煲和机械式的传统电饭煲（图5-2）。微电脑式的操作更加智能，可以精准控温且菜单功能更加齐全。传统机械式控制的电饭锅操作简易，更适合老人使用。电饭锅内胆以不粘锅为主，只要内胆涂层材料安全无毒就可以了。

机械式电饭锅　　　　　　微电脑式智能电饭锅　　　　　IH电磁加热电饭锅

图5-2　各种类型的电饭锅

此外需要根据家庭人口数量选择电饭锅的容量大小。一般3升的电饭锅已足够2～3人的家庭使用，4升能满足4～5人的家庭使用，5升则能满足6人以上的家庭使用，具体容量还需根据具体家庭人数情况进行选择。

 米水比例对食味品质有什么影响？

稻米蒸煮时加水量的多少（米水比例）也是影响蒸煮米饭食味品质的主要因素。加水过少或过多均会影响米饭的食味，因为米饭中的水分含量、分布与水的存在状态不同会使米饭显示出不同的物理性质。如果蒸煮时加水量太少，米粒吸水不足，内层淀粉糊化不充分，会导致饭粒外软内硬，口感较差，不易消化，严重时会导致夹生饭。相反，如果蒸煮时加水过多，则由于米粒腹部与背部水分吸收存在水分差而引起米粒龟裂，在蒸煮时米粒内部淀粉从裂缝处涌出致使米饭失去弹性，甚至会出现米饭开花的现象。有研究表明，米水比例可以影响米粒细胞壁的破损程度以及糊化淀粉的比例，改变米饭的黏性和弹性，最终影响食味品质。通过改变和调节米水比例可以改变米饭的弹性和黏性，烹制出口感各异的米饭。

米水比例因品种而异（樊奇良等，2015），主要与品种直链淀粉含量的高低有关，不同类型大米中直链淀粉含量的差异导致大米中淀粉糊化需要的水分也不同。一般直链淀粉含量越高，加水越多。蛋白质含量的高低也可以直接影响米粒的吸水性，从而影响米饭的物理特性。蛋白质含量高的大米，米粒结构紧密，淀粉粒间的空隙少，吸水速度慢，吸水量少，大米蒸煮时间长，淀粉难以充分糊化，蒸煮成的米饭黏度低、较松散、质地硬、口感差。相反，蛋白质含量低的大米，蒸煮成的米饭黏性强、质地软、口感好。

在标准含水量（籼米为13.5%，粳米为14.5%）下，一般粳米加水量为大米重量的1.2倍，籼米加水量为大米重量的1.3倍。近年来，江苏省农业科学院粮食作物研究所选育的南粳系列品种为半糯粳稻品种，是介于普通粳米和糯米之间的中间类型，直链淀粉含量在10%左右，煮饭时的米水比例要比普通粳米略少，一般为1∶1.1。大米含水量不同，加水量也不同。新米含水量较高，加水量应略少；而陈米含水量较低，加水量应略多。因此，在优质米食味品鉴时，实际加水量应根据大米含水量进行调整。

浸泡时间对食味品质有什么影响？

大米在蒸煮之前先浸泡一段时间，煮出的米饭口感较好。一方面，浸泡可以让米粒吸水膨胀，胚乳细胞中的淀粉体内外出现细小的裂缝，利于蒸煮加热时淀粉对水分的吸收及均一糊化，还可缩短加热时间、降低能源消耗。另一方面，浸泡能够促进加热过程中热量在米粒内部组分之间的传递，从而降低米粒强度、酶抑制物和植酸的含量，减少米饭营养物质的流失，提高米饭的消化特性，使米饭口感松软，易于消化（张玉荣等，2008；张瑜琨等，2017）。浸泡时间因水温不同而异，水温高时米粒吸水速度快，水温低时米粒吸水速度慢。因此夏天浸泡时间可以稍微短一些，冬天时间稍微长一些。若浸泡时间不够，仅仅米粒表面吸水，水分无法浸入米粒的中心部位，加热时米粒表面糊化，而中心部位得不到充分糊化，容易造成夹生饭。浸泡阶段米粒可预先吸水至含水量的25%，在加热升温过程中米粒还会吸水，中心就可以完全糊化。

那么，浸泡时间是不是越长越好？浸泡程度以怎样为宜？现有研究表明，大米浸泡时间在40分钟以内时，电饭锅加热时间随着大米浸泡时间的增加而逐渐缩短。但当浸泡时间超过40分钟后，电饭锅的加热时间反而随着浸泡时间的增加而增加。说明大米浸泡时间并不是越长越好，有最佳浸泡时间或最佳浸泡状态。电饭锅加热至米熟需要将锅内的水蒸干，大米提前浸泡实际上是减少了水量，故加热时间会缩短。如果大米浸泡已经到了饱和状态不再吸水了，那么在加热过程中大米中的部分水分还要被再蒸发出来，就延长了加热时间。同时，大米浸泡过久，表面的无机盐和可溶性维生素会溶于水中，造成一定程度的营养损失，特别是水溶性B族维生素损失较大（朱转等，2013）。所以在蒸煮米饭之前，需要控制好大米的浸泡时间以减少营养物质的流失。

浸泡时间长短对米饭风味、黏性、口感都有影响。研究表明，浸泡会使米饭的风味物质造成一定的损失。随着浸泡时间的延长，对米饭弹性的影响表现为先增加后降低，当粳米浸泡时间为20～40分钟，籼米浸泡时间为30～50分钟时，米饭的弹性较大。浸泡时间对米饭硬度与黏性比值的影响呈先降低后升高之势。当浸泡时间少于10分钟时，煮出的米饭内部较干硬、外部太黏稠、缺乏弹性。当浸泡时间在30～40分钟时，煮出的米饭光泽较好，米饭柔软且有弹性，适口性较好。浸泡时间过长（70分钟以上）则煮出的米饭饭粒太松散，光泽变差，而且弹性小，口感也较差。结合米饭的质构特性以及食味品质的感官评价结果，要得到口感较好的米饭，粳米与籼米的浸泡时间应控制在30分钟以内，浸泡的程度一般以大米全部发白为止（图5-3）。

图5-3　米粒浸泡前后

86　如何煮出好米饭？

想要煮出一碗好吃的米饭，需注意煮饭过程的每个细节。

美味米饭的首要因素是有好的大米。选择大米时一看品种、二看产地、三看品牌。根据个人口感选择粳米、籼米、半糯米、糯米等。日本和东北粳稻品种，如越光、秋田小町、稻花香、吉粳系列等都是目前公认的食味品质较好的品种。江苏省农业科学院粮食作物研究所先后培育出南粳46、南粳9108、南粳5055、南粳3908、南粳晶谷、南粳5718、南粳2728、南粳58等低直链淀粉含量且抗病性好、产量高的系列品种，具有柔、香、糯的食味品质特性，深受长三角地区广大居民的青睐。其中南粳46和南粳9108在2019年第二届全国优质稻品种食味品质鉴评中双双荣获金奖，南粳46在粳稻组排名第一，是江苏省当前公认的食味最好的品种（图5-4）。

煮饭之前要先淘洗米粒。淘洗的时候不要用力过度，时间也不宜过长，否则容易造成米粒营养的流失。放水后用手左旋3圈、再右旋3圈把水倒掉后再放水，一般淘洗2～3遍就可以了。淘洗后根据不同的大米品种加入适量的水，一般籼米加水量为大米重量的 1.3 倍，粳米加水量为大米重量的 1.2 倍，半糯型优良食味粳米加水量为大米重量的 1.1 倍，糯米加水量与大米重量相等。然后浸泡 30 分钟左右让米粒能吸收一定量的水分，煮出的米饭更饱满，口感更好。

图 5-4　南粳 46 米饭

选择一口合适的电饭锅也非常重要。由于电饭锅的加热原理各不相同，烹饪效果也有差异。目前，最新的 IH 电磁加热的电饭锅加热技术最为先进，做出的米饭口感更好。

米饭煮好以后不要立即开锅，要自然放置，焖饭 10 分钟左右。煮好的米饭有时候受热不均匀，各部位米饭水分会有所差异，所以焖饭后应打开锅盖，用饭勺沿锅壁将下面的米饭轻轻翻上来、抖开，使米饭上下充分拌匀，让多余水气在搅拌中蒸发掉，拌匀后再盖上锅盖焖 5 分钟左右，使米饭口感上下一致、更加香弹（图 5-5）。品尝米饭时，米饭的温度不宜太高，稍冷却后品尝更能品味出米饭的口感。

将适量米加入电饭锅，用清水漂洗 2～3 次　　米与水按 1∶1.15 比例加水，浸泡 10～30 分钟　　蒸煮过程不要揭开锅盖或搅拌米粒　　煮熟后上下搅拌米饭，再闷上 10～30 分钟

图 5-5　优良食味粳稻南粳 46 稻米的蒸煮方法

第六章
优质大米品牌打造

 什么叫品牌？

品牌是一种名称、术语、标记、符号或设计，或是它们的组合，其作用是借以辨认某个产品，并与竞争对手的产品相区别。品牌是构成企业独特市场形象的无形资产，是社会对产品的认可程度，是一种市场概念，是群众的口碑、信誉度的标志。

品牌主要包括以下类型：区域公用品牌、产地品牌或地方品牌、加工品牌、安全品牌、企业品牌、文化品牌、营养品牌、特色品牌、品种品牌等。

区域公用品牌指在一个具有特定自然生态环境、历史人文因素的区域内，由相关组织所有，由若干农业生产经营者共同使用的农产品品牌。如江苏省的省域公用品牌"水韵苏米"、连云港市的"连天下"、宿迁市的"宿有千香"、淮安市的"淮味千年"、南京市的"金陵味稻""食礼秦淮"等（司子强，2019；夏礼祝，2019）。

产地品牌是特指在一个地区范围内生产加工，被公众认知的具有地域性的农产品品牌，如五常大米、吉林大米、江苏大米、射阳大米、兴化大米等（鲜于晓龙，2016）。

加工品牌是指以加工特色为品牌名称的稻米品牌，如糙米、精洁米、免淘米等。

安全品牌是指以稻米安全生产特色为品牌名称的稻米品牌，如有机米、虾田米、蟹田米等。

企业品牌是指以企业名称为品牌名称的稻米品牌，体现的是顾客对企业感性和理性认知的总和，包括产品、名称、价格、服务质量、财务状况、顾客忠诚度、知名度、满意度等，也就是对品牌的态度，如金龙鱼大米、福临门大米、苏垦大米等。

文化品牌是指以企业文化特色为品牌名称的稻米品牌，与企业品牌有相似之处，但体现的是顾客对企业商誉、产品、企业文化以及整体营运管理的认知，一般为历史悠久的企业或单位所采用，如农科院大米等。也有的企业采用众所周知的历史文化名言或名物作为品牌名称，如福禄寿喜、春华秋实等。

营养品牌是指以稻米营养价值特色为品牌名称的稻米品牌，如富硒米、高钙米、胚芽米等。

特色品牌是指以特色稻米为品牌名称的稻米品牌，如软米、紫米、胭脂米、低糖米等。

品种品牌指以水稻品种名作为品牌名称的品牌，体现的是品种本身的价值。如越光、秋田小町、稻花香、南粳46等。

 ## 决定品牌价值的主要因素是什么？

决定稻米品牌价值的主要因素有品质优势、质量优势、品牌宣传、定位准确等。品质优势指选择的稻米品种符合市场需要，具有品质优势。质量优势：生产的产品质量稳定，具有把控稻米质量的技术手段或措施。品牌宣传：利用公用资源将产品的品质和质量优势推向市场，并获得市场认可。定位准确：针对不同消费阶层定位，制定合理的价格。好的品牌要有好的名称、好的形象、好的概念、好的故事，这就是品牌的四大要素。做好大米品牌的关键是要把握好"三品一标"，即选择好品种，通过标准化栽培种出好品质，才能打造好品牌。

 ## 如何打造优质稻米品牌？

打造品牌的关键是品牌差异化，这是品牌的卖点。所谓品牌差异化是指为品牌在消费者心目中占领一个特殊的位置，以区别于竞争品牌的卖点和市场地位，也就是我们通常所说的"你无我有，你有我优，你优我特"。品牌差异化的策略有产品差异化、服务差异化和品牌形象差异化等。一般来说，打造品牌有三个步骤：第一步是卖点的提炼，要明确竞争产品是什么，它的特点是什么，然后提炼出自己产品的特点；第二步是卖点的诠释，要用一个耳熟能详的例子来说明你这个卖点；第三步是卖点的制作，以讲故事的方式，将卖点写成一段文字，制作成图片、视频和音频等。

优质稻米品牌的打造，首先要找准市场定位，明确你的产品要卖到哪里，消费对象是谁，他们喜欢吃什么样的大米。然后根据企业所具备的生产条件选择适宜的优质品种和加工产品。具体如下：第一是突出品种，借助稻米品种优势，增加稻米品种标识；第二是突出产地，借助地理位置优势，揉合生态环境要素；第三是突出企业，嫁接企业品牌优势，传播起来会更容易；第四是保证品质，采用标准化栽培技术，确保产品质量稳定；第五是加强宣传，让品牌被大众熟知，使产品让大众接受；第六是做好营销，把握市场价格定位，提升产品的品牌价值。

第七章 / 食味品质评价方法

 如何评价好大米?

影响稻米食味品质的理化指标众多,直链淀粉、蛋白质、水分、脂肪等稻米化学组分含量的多少直接影响稻米食味品质。胶稠度、糊化温度、淀粉黏滞性等理化指标可以反映稻米食味品质的优劣。此外淀粉结构、支链淀粉链长比例等都是评价稻米食味品质的重要理化指标(王宇凡等,2020)。

因此,通过测定稻米中的主要理化指标如直链淀粉、蛋白质、水分、脂肪等含量的多少,以及胶稠度、糊化温度、RVA值等稻米理化特性,可以判断稻米好不好吃(张鹏里等,2008;贺梅等,2013)。一般食味好的稻米直链淀粉含量较低(10%～17%)、蛋白质含量较低(6%～7%)、脂肪含量较高、糊化温度较低、胶稠度较长(≥80毫米)。

稻米的食味也可以用仪器来测定。先用大米食味仪对大米样品进行食味初步鉴定,再用接近于人工品尝的米饭食味仪对蒸煮后的米饭进行食味值、外观、口感等指标的测定。此外,根据需要也可以用其他仪器设备进行单一特性的评价,如利用质构仪测定米饭硬度、黏度、弹性等质地指标;电子鼻测定米饭(大米)的气味(香味);外观判定仪、白度计、测鲜仪等检测大米的外观品质及新鲜度等。一般食味好的大米,食味值较高(80以上)、黏度硬度比值适中(0.15～0.20)、外观值和新鲜度值较高。

稻米究竟好不好吃最终还是要依靠人工品尝米饭来判定。一般食味品质好的大米,米饭光泽透亮、气味清香、口感润滑、黏性好、软硬适中、冷不回生。在大米评价过程中可以结合三种方法进行全面、客观的评价(图7-1)。

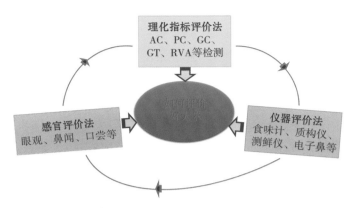

图 7-1　结合理化指标、仪器测定和感官评价进行好大米评价

 如何利用食味仪鉴定食味品质？

利用仪器检测大米食味品质时，常用到的食味仪有大米食味仪和米饭食味仪两种（图 7-2）。目前研究及生产上使用的食味分析仪大多为日本等国家研究开发的，其原理大都是利用近红外光和可见光波段的反射和透过对大米或米饭的理化特性进行测定，结合感官评分建立的数学模型，借助计算机软件对大米或米饭的食味进行预测。由于样品用量少、操作简便快捷，更适用于育种程序，是近年来建立的比较理想的综合反映稻米理化指标与感官评定相关性的技术。

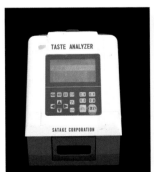 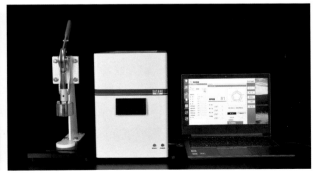

图 7-2　大米食味计和米饭食味计

大米食味仪直接检测精米或糙米，样品量约为200克，每个样品检测时间为0.5分钟，分析快速、操作简单，测定指标有食味分值、水分含量、蛋白质含量、直链淀粉含量。国内通过分析食味值与品质理化指标、品尝试验结果的相关关系，明确了食味仪测定评价稻米品质的可行性（郑先哲等，2000；罗志祥等，2002；张巧凤等，2007）。

米饭食味仪的检测样品为米饭，测定前需要对大米进行称量、淘洗、浸泡、蒸煮、冷却、成型，步骤较多。米饭食味仪内置三种检量线，可以检测日本粳稻、中国粳稻和中国籼稻。利用日本粳稻检量线可以测定外观、硬度、黏度、平衡度和食味值5个指标，利用中国（粳稻和籼稻）检量线可以测定外观、口感和食味值3个指标。相比大米食味仪，米饭食味仪测定的食味分值与人工品尝分值的相关性更好。

在检测稻米食味时，可以先用大米食味仪进行初步判断和筛选，淘汰分值较低的样品，再用米饭食味仪进一步鉴定，遴选出在两种仪器上测定值均较好的样品。两种食味测定仪器的食味测定值以100分为满分，80分以上食味好，70～80分食味稍好，60～70分食味一般，50～60分食味稍差，50分以下食味差。一般优良食味稻米的测定值在80分以上，与感官评价结果高度一致。

92 如何通过感官评价食味品质？

稻米食味感官评价是指通过人们的眼观、鼻闻、口尝等方法对米饭的外观、气味、味道、米饭黏性及软硬适口程度进行的综合评价（赵居生等，2003）。感官评价直接、公正地反映人们对稻米食味的评价，是衡量水稻品种食用品质的重要指标。

稻米的感官评价有外观、气味、黏性、口感、回生度和综合评分6个指标，每个指标均有各自的判断标准。气味指米饭固有的香气和气味，好的米饭气味浓郁，有舒适的清香味，无异味。外观指米饭的光泽、白度，饭粒的完整性、延伸性、有无胀裂变形、碎粒比率、留胚程度和杂色，好的米饭光泽透亮，饭粒饱满完整、碎粒少、无胀裂和色斑等。黏性指咀嚼米饭时牙齿的触感，具体包括黏性、硬度、弹性，好的米饭软硬适中，黏性好、有弹性、咀嚼成团。口感指咀嚼米饭时是否有清香味和甜味，咽下时通过喉咙的滑润感，好的米饭咀嚼时有清香味和甜味，无其他杂味，咽下时喉咙感觉滑润舒适。回生度指米饭在室温放置一定时间后，重新变得"硬"的程度，好的米饭冷不回生。综合评分指将供试样品的食味与对照比较进行的综合判断，而不是将气味、外观、黏性、口感、回生度相加。

感官评价时首先用眼睛看米饭的白度、光泽、饭粒的完整性等，好吃的米饭色泽白净一致、光泽透亮、饭粒完整。然后用鼻子闻米饭有没有香味或新鲜米饭特有的清香味，好吃的米饭香气扑鼻，饭香纯正，无杂味。接着取少量米饭品尝，好吃的米饭，牙齿在咀嚼时感觉软硬适中，米饭既有糯米的黏性，又有粳米的弹性，米饭在口中咀嚼时成团性好，粒感强，咀嚼多次后有甜味，下咽时喉咙感觉润滑舒爽。冷后品尝米饭的回生性，好吃的米饭冷而不硬、韧性更好（图7-3）。

图 7-3　南粳系列品种的食味品鉴

感官评价通常采用5点法，一次品尝5个样品，并设1个对照。在感官评价过程中，品评员需要逐次将参评样品的外观、气味、黏性、口感、回生度和综合评分6个指标在评分表上分别打分，每个指标分别与对照进行比较，分相当差、差、略差、相同、略好、好、相当好7个等级进行评分，分别记作-3、-2、-1、0、1、2、3分，根据好坏程度在相应栏内画√（表7-1）。其中，综合评分是评价米饭食味优劣最重要的也是最终的依据。

表7-1 米饭食味品质评价记录表

年 月 日

姓 名　　　　　品尝组编号：　　　A B C D（请画○选择）

样品编号	评定标准	比对照差			对照	比对照好		
		相当差	差	略差		略好	好	相当好
	分值	-3	-2	-1	0	1	2	3
1	气味							
	外观							
	黏性							
	口感							
	回生度							
	综合评分							
2	气味							
	外观							
	黏性							
	口感							
	回生度							
	综合评分							
3	气味							
	外观							
	黏性							
	口感							
	回生度							
	综合评分							
4	气味							
	外观							
	黏性							
	口感							
	回生度							
	综合评分							
5	气味							
	外观							
	黏性							
	口感							
	回生度							
	综合评分							

感官评定可能会随品尝人的年龄、性别、地区等方面的差异而对相同品种的品尝结果产生较大差异，而且一次品尝的品种过多或品尝频度过高也会影响结果的正确性，需要经过培训和选拔的专业人员进行稻米的感官评价。

 食味仪检测结果与感官评价的关系怎样？

大米食味仪和米饭食味仪都可以对稻米食味值进行检测。多数研究表明，大米食味仪的食味测定值与食味品尝分值间有显著正相关，测定值高的大米，食味品质往往较好，测定值低的大米，食味品质较差（张巧凤等，2007）。米饭食味仪的食味测定值与品尝分值呈极显著正相关，测定值越大、米饭外观和口感越好、食味品质越高。质构特性的内聚性与粳米米饭感官指标中的光泽、外观结构、总评分显著正相关，胶着性与弹性显著正相关，咀嚼性与滋味显著正相关。籼米的质构特性中弹性与米饭感官指标的光泽，冷饭质地和评分极显著正相关，胶着性与黏性，弹性和适口性极显著正相关；食味测定值与米饭气味、冷饭质地显著正相关，与总评分呈极显著正相关（李苏红等，2018；王菁华等，2018）（图7-4）。

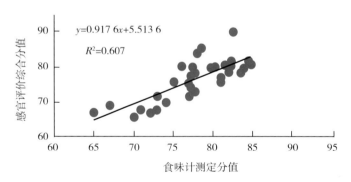

$y=0.917\ 6x+5.513\ 6$

$R^2=0.607$

图7-4　米饭食味计测定结果与感官评价分值间的相关分析

有些研究则认为，大米食味仪是对大米主要化学组分的综合评价，测定值与直链淀粉含量、蛋白质含量呈极显著负相关，而与米饭食味值相关不显著，可能与检测样品的数目和类型有关。总体而言，大米食味仪可以对大米食味进行准确、客观的评价，筛选食味品质较好的样品而淘汰食味品质较差的样品，在大米食味品质评价中起更重要的辅助作用（纪宗亚，2011）。

94 国家关于优质米的标准有哪些？

国家颁布了优质稻谷和优质大米两个标准，2017年制定了最新的优质稻谷标准GB/T 17891—2017（表7-2），2018年制定了最新的优质大米标准GB/T 1354—2018（表7-3），对优质稻谷和优质大米提出了最新的质量指标。

表 7-2 国家标准优质稻谷质量指标

标准号		GB/T 17891—2017					
类别		籼稻			粳稻		
等级		一级	二级	三级	一级	二级	三级
整精米率（%）≥	长粒	56	50	44	67	61	55
	中粒	58	52	46			
	短粒	60	54	48			
垩白度（%）≤		2	5	8	2	4	6
直链淀粉含量（干基）（%）		14～24			14～20		
食味品质（分）≥		90	80	70	90	80	70
不完善粒含量（%）≤		2	3	5	2	3	5
异品种率（%）≤		3					
黄粒米含量（%）≤		1					
谷外糙米含量（%）≤		2					
杂质含量（%）≤		1					
水分含量（%）≤		13.5			14.5		
色泽气味		正常					

表7-3　国家标准优质大米质量指标

标准号		GB/T 1354—2018					
品种		优质籼米			优质粳米		
等级		一级	二级	三级	一级	二级	三级
加工精度		精碾	精碾	适碾	精碾	精碾	适碾
碎米	总量（%）≤	10	12.5	15	5	7.5	10
	其中：小碎米含量（%）≤	0.2	0.5	1	0.1	0.3	0.5
不完善粒含量（%）≤		3					
垩白度（%）≤		2	5	8	2	4	6
品尝评分值（分）≥		90	80	70	90	80	70
直链淀粉含量（%）		13.0～22.0			13.0～20.0		
水分含量（%）≤		14.5			15.5		
杂质限量	总量（%）≤	0.25					
	其中：无机杂质含量（%）≤	0.02					
黄粒米含量（%）≤		0.5					
互混率（%）≤		5					
色泽、气味		正常					

⑨⑤　国家好粮油标准是什么？

2017年国家粮食局发布了中华人民共和国粮食行业推荐性标准"中国好粮油"系列标准，共计17项。其中大米相关的标准有中国好粮油生产质量控制规范（LS/T 1218—2017）、中国好粮油—稻谷（LS/T 3108—2017）质量指标（表7-4）、中国好粮油—大米（LS/T 3247—2017）质量指标（表7-5）。三个标准从原粮种植、收获、干燥、储藏、加工、运输、销售、检验、追溯、稻谷质量指标、大米质量指标等全产业链进行了详细的规定，为优质米的标准化生产和定等提供了依据，其中稻谷质量标准明确指出用一致性指标衡量品种的单一性。

表 7-4　中国好粮油—稻谷（LS/T 3108—2017）质量指标

标准号		LS/T 3108—2017		
等级		一级	二级	三级
食味品质（分）≥		90	85	80
出糙率（%）≥		80	78	
整精米率（%）≥	长粒	68	66	
	中粒			
	短粒			
垩白粒率（%）≤		3	5	7
垩白度（%）≤		4	6	8
水分含量（%）≤		根据实际需求确定在一定期限内安全保质的水分含量的最大限量		
杂质（%）≤		1		
不完善粒含量（%）≤		3		
黄粒米含量（%）≤		0.5		
一致性（%）≥		95		
直链淀粉含量（干基）（%）		+		
蛋白质含量（干基）（%）		+		
新鲜度（分）		+		

表 7-5　中国好粮油—大米（LS/T 3247—2017）质量指标

标准号		LS/T 3247—2017		
等级		一级	二级	三级
品尝评分值（分）≥		90	85	80
碎米	总量（%）≤	7.5		
	其中：小碎米含量（%）≤	0.5		

（续）

标准号	LS/T 3247—2017		
等级	一级	二级	三级
垩白粒率（%）≤	2	4	6
垩白度（%）≤	4	6	8
色泽、气味	无异常色泽和气味		
水分含量（%）≤	15.5		
不完善粒含量（%）≤	1		
黄粒米含量（%）≤	0.1		
互混率（%）≤	0		
杂质限量 总量（%）≤	0.1		

96 江苏好大米的标准是什么？

2018年江苏省粮食行业协会发布了江苏省优质大米团体标准——江苏大米。该标准由5个部分组成，分别为稻谷生产技术规程（T/JSLX 001.1—2018）、大米加工技术规范（T/JSLX 001.2—2018）、稻谷（T/JSLX 001.3—2018）质量指标、大米（T/JSLX 001.4—2018）质量指标和质量追溯基础信息规范（T/JSLX 001.5—2018）。标准涵盖了江苏粳稻大米生产的全产业链环节，重点突出单一品种规模化种植及品种真实性鉴定，从源头保障江苏大米的品质。江苏大米的稻谷和大米质量指标（表7-6、表7-7）体现了江苏大米的特点，如直链淀粉含量较低。

表7-6 江苏大米—稻谷（T/JSLX 001.3—2018）质量指标

标准号	T/JSLX 001.3—2018		
等级	一级	二级	三级
食味品质（分）≥	90	85	80
出糙率（%）≥	82	80	78
整精米率（%）≥	68	64	60

（续）

标准号	T/JSLX 001.3—2018		
等级	一级	二级	三级
垩白粒率（%）≤	2	4	6
垩白度（%）≤	4	6	8
水分含量（%）≤	15.5		
杂质（%）≤	1		
不完善粒含量（%）≤	3		
黄粒米含量（%）≤	0.5		
谷外糙米（%）≤	2		
一致性（%）≥	98		
直链淀粉含量（干基）（%）	8～15		
蛋白质含量（干基）（%）	6～8.5		
脂肪酸值（毫克/100克）≤	25		

表7-7 江苏大米—大米（T/JSLX 001.4—2018）质量指标

标准号		T/JSLX 001.4—2018		
等级		一级	二级	三级
品尝评分值（分）≥		90	85	80
碎米	总量（%）≤	5	7.5	10
	其中：小碎米含量（%）≤	0.5	0.5	1
垩白粒率（%）≤		2	4	6
垩白度（%）≤		4	6	8
色泽、气味		正常		
水分含量（%）≤		15.5		
不完善粒含量（%）≤		1		
黄粒米含量（%）≤		0.2		
互混率（%）≤		2		
杂质限量	总量（%）≤	0.1		
直链淀粉含量（%）		8～15		
蛋白质含量（干基）（%）		6～8.5		

江苏省哪些市、县制定了好大米标准？

近年来，南粳系列品种以其"柔、香、糯"的特点受到了广大消费者的一致认可，在江苏省及周边地区得到大面积推广应用，各个市（县）利用南粳系列优良食味品种生产的稻谷为原粮，打造了射阳大米、淮安大米、苏州大米、海安大米、泗洪大米、阜宁大米、姜堰大米、兴化大米、金陵味稻等一大批的优质稻米区域公用品牌。其中射阳大米、淮安大米、金陵味稻、泗洪大米、海安大米、兴化大米制定了团体标准，苏州大米通过编制专著规范相关生产过程（表7-8）。

表 7-8　江苏主要大米品牌及标准制定

江苏省主要大米品牌	是否制定了好大米标准	标准类型	所处阶段
射阳大米	是	团体标准	完成
淮安大米	是	团体标准	完成
海安大米	是	团体标准	完成
泗洪大米	是	团体标准	完成
兴化大米	是	团体标准	完成
金陵味稻	是	团体标准	完成
苏州大米	—	编制专著	完成
阜宁大米	—	—	—
姜堰大米	—	—	—

第八章
优质稻米选购技术

如何选购好大米？

大米是我国居民的主粮。面对各种销售渠道琳琅满目的大米产品，不少居民困惑如何科学地挑选一款好大米。在评选标准中直链淀粉含量、水分、品尝评分需要经实验室专业测定，普通居民很难判定。普通居民能够掌握的判断方法，主要有三点：一看品种、二看品牌、三看产地（褚学林，2011）。

首先，好大米的关键在品种，只有优质、高产、抗病的水稻品种才能生产出好大米。目前公认的好大米品种有日本越光、五常稻花香、江苏南粳系列品种等。与常规粳稻亲本相比，南粳系列品种具有更低的糊化和回生特性，更高的胶稠度和米饭黏性，更短的糊化时间和更大的崩解能力，其口感非常适合长江三角地区一带的居民（图8-1）。

图 8-1　苏农科南粳大米

其次，要购买知名度、美誉度和竞争力较高的品牌大米。品牌是质量和安全的保障，是联系商品和消费者的媒介，是消费者认识和购买优质农产品的主要依据。在食品安全事件频发及消费观念转变的影响下，认准大米品牌具有非常重要的意义。购买品牌大米有助于消费者识别产品的来源或产品制造厂家，使消费者购买商品的风险降到最低。

再次，产地的地理生态条件也很重要。同类品种在不同的产地、不同的生态环境条件下，生产出来的大米品质也会不一样。比如土壤肥沃、环境无污染、日夜温差大的种植环境更容易生产出优质大米。因此，购买大米时还应适当考虑大米的产地。

 ## 如何辨别好大米？

消费者在购买大米的时候，看到的是大米的米粒，那么如何来辨别是不是好大米呢？挑选大米有五点（李冬，2020；王婧等，2019）。

1. **看外形**：优质大米的米粒外观光泽透亮、颗粒晶莹饱满、没有其他杂质，少见腹白、爆腰、黄粒米及陈化现象（图8-2）。

图 8-2　南粳 46 优质大米外观

2. **闻气味**：优质大米有天然的谷香味，无异味。

3. **尝味道**：好的大米软硬适中、有嚼头劲道、咀嚼成团；味道清新、吃起来口感香甜、无其他杂味，咽下去时喉咙润滑舒适。

4. **关注手感**：新鲜大米因为含有部分水分，用手使劲搓新米时，感觉黏性更强；陈米则感觉很粗糙，糠屑多。

5. **检查包装**：首先，查看包装上是否有食品质量安全（"QS"）认证标志。其次，检查米袋上是否有食品包装规定必须标注的质量等级、产品标准号、生产日期和保质期、生产企业名称、产品名称、净含量等内容。最后，大米质量

如何还和产地有直接关系，所以购买大米时还需认准地理标志。

 100 ## 如何储藏好大米？

稻谷被去除稻壳和皮层后成为大米，极易受湿、热、氧、虫、霉等影响而变质，特别在高温高湿条件下，大米陈化、霉变速度加快，品质劣变。因此，为了保持大米的新鲜品质，可采用以下几种储藏手段。

1. **常温储藏**：在收获水稻之后使之在太阳下晾晒以降低其水分含量，随后用袋子密闭分装置于阴凉通风干燥的环境即可。这种方式能暂时防止大米品质迅速下降，但长期存放必然导致大米受虫害、受潮，加速大米陈化。

2. **分类储藏**：在生产过程中将不同品种、不同产期、不同产地的大米分开存储，防止混合储藏导致水分流失，发热霉变等现象。除此之外，分开储藏还可以防止已经变质和受潮而品质变化的大米影响正常大米。

3. **气调储藏**：惰性气体可以有效阻止粮食陈化的速度，充填惰性气体降低活性气体的技术最近几年发展十分迅速，其中在食品领域应用最常见的就是氮气保护，二氧化碳保护也应用普遍，保护效果更佳。气调储藏能够自发调节大米储藏的气体环境，较好地保持其品质，是一种易于实施的储藏技术。该技术允许大米储藏含水量高于常规储藏含水量1到3个百分点。

4. **低温储藏**：低温储藏是大米保鲜最有效的途径之一。所谓低温储藏就是仓储温度保持在 15℃，湿度保持在75%，使大米处于休眠状态。低温储藏能抑制害虫、微生物活性，延缓大米陈化。夏季购买的大米，如果短时间里吃不完，可以用双层塑胶袋装好密封，然后放入冰箱冷藏室保存（吕伟新等，2013）。

大米由于胚乳直接暴露在外，易受外界湿热等环境条件的影响，容易吸湿，引起发热变质。同时大米不能骤冷骤热，不宜高温烘干或日光暴晒，否则会造成大量爆腰。干燥大米急速吸湿或潮湿大米急速干燥时，一般均会爆腰，产生较多碎米，降低大米品质。因此大米应该储存在阴凉干燥的地方。

参 考 文 献

包劲松，2007. 应用RVA测定米粉淀粉成糊温度［J］.中国水稻科学，21（5）：543-546.

蔡光泽，王志民，郑传刚，2003. 不同有机肥对优质粳稻产量和品质的影响［J］.耕作与栽培，5：10-23.

蔡雪梅，2013. 不同干燥方式对稻谷品质及储藏性能的影响［D］.南京：南京财经大学.

蔡一霞，王维，朱智伟，等，2006. 不同类型水稻支链淀粉理化特性及其与米粉糊化特征的关系［J］.中国农业科学，39（6）：1122-1129.

蔡一霞，朱庆森，王志琴，等，2002. 结实期土壤水分对稻米品质的影响［J］.作物学报，28（5）：601-608.

曹东生，2017. 如何实现农业休耕和轮作促进农业可持续发展［J］.农场经济管理，6：38-40.

曹妮，陈渊，季芝娟，等，2019. 水稻抗稻瘟病分子机制研究进展［J］.中国水稻科学，33（6）：489-498.

常俊楠，焦桂爱，惠索祯，等，2020. 稻米质构特性影响因素的研究进展［J/OL］.分子植物育种：1-10. http://kns.cnki.net/kcms/detail/46. 1068. S. 20200417. 1102. 002. html.

陈平平，1998. 硅在水稻生活中的作用［J］.生物学通报，33（8）：5-7.

陈帅君，边嘉宾，丁得亮，等，2016. 不同有机肥处理对水稻品质和食味的影响［J］.中国稻米，22（4）：42-45.

褚学林，2011. 选购大米要"六看"［J］.中国质量技术监督，5：75.

丁得亮，刘玉亮，2008. 氮肥施用时期和施用量对水稻产量和食味品质的影响［J］.天津农学院学报，1：1-3.

丁金龙，2004. 长江下游新石器时代水稻田与稻作农业的起源［J］.东南文化，2：19-23.

丁毅，华泽田，王芳，等，2012. 粳稻蛋白质与蒸煮食味品质的关系［J］.食品科学，33（23）：42-46.

杜雪，2016. 有机和无机氮肥对稻米品质影响的比较［D］.沈阳：沈阳农业大学.

樊奇良，章炬，2015. 不同米水比例对蒸煮米饭食味品质影响的研究［J］.粮食科技与经济，40（6）：29-32.

范名宇，王晓菁，王旭虹，等，2017. 稻米支链淀粉结构的研究进展［J］. 中国水稻科学，31（2）：124-132.

费鹏，2014. 浅谈水稻病虫害及其防治技术［J］. 新农村，6：117.

高辉，马群，李国业，等，2010. 氮肥水平对不同生育类型粳稻稻米蒸煮食味品质的影响［J］. 中国农业科学，43（21）：4543-4552.

关阳，张兆明，李超，等，2020. 电饭煲标准和性能品质的研究［J］. 轻工标准与质量，4：101-105.

桂云波，张瑛，吴敬德，2014. 肥料种类对优质稻产量、品质及稻米食用安全性的影响［J］. 安徽农业科学，42（23）：7860-7862.

郭才国，2013. 不同施药时期和次数对稻曲病防治效果的影响［J］. 安徽农学通报，19（21）：80-81.

韩超，2019. 淮北地区优质高产粳稻品种筛选及其配套机械化种植方式研究［D］. 扬州：扬州大学.

韩超，许方甫，卞金龙，等，2018. 淮北地区机械化种植方式对不同生育类型优质食味粳稻产量及品质的影响［J］. 作物学报，44（11）：1681-1693.

贺梅，宋冬明，黄少锋，等，2013. 稻米蒸煮食味品质的评价方法及影响因素分析［J］. 北方水稻，43（1）：39-40+42.

贺梅，张文忠，宋冬明，等，2007. 不同储藏温度及储藏时间对稻米品质的影响［J］. 沈阳农业大学学报，4：472-477.

侯耀玲，2012. 不同包装材料和包装方式对大米储藏保鲜效果的研究［D］. 南京：南京农业大学.

胡东维，王疏，2012. 稻曲病菌侵染机制研究现状与展望［J］. 中国农业科学，45（22）：4604-4611.

胡寰翀，2010. 不同储藏条件下稻谷品质变化规律研究［D］. 南京：南京财经大学.

胡井荣，2008. 化学农药对水稻生理生化和品质的影响及其残留效应分析［D］. 扬州：扬州大学.

胡群，夏敏，张洪程，等，2017. 氮肥运筹对钵苗机插优质食味水稻产量及品质的影响［J］. 作物学报，43（3）：420-431.

胡树林，徐庆国，黄启为，2001. 香米品质与微量元素含量特征关系的研究［J］. 作物研究，

15（4）：12–15.

胡雅杰，钱海军，吴培，等，2018. 秸秆还田条件下氮磷钾用量对软米粳稻产量和品质的影响［J］. 植物营养与肥料学报，24（3）：817–824.

胡雅杰，吴培，邢志鹏，等，2017. 机插方式和密度对水稻主要品质性状及淀粉RVA谱特征的影响［J］. 扬州大学学报（农业与生命科学版），38（3）：73–82.

黄发松，孙宗修，胡培松，等，1998. 食用稻米品质形成研究的现状与展望［J］. 中国水稻科学，12（3）：172–176.

黄洪明，吴美娟，汪暖，等，2014. 不同基质育秧对水稻机插秧苗素质和产量的影响［J］. 中国农学通报，30（15）：163–167.

黄锦霞，肖迪，唐湘如，2010. 施锌对香稻产量、香气和品质的影响［J］. 耕作与栽培，3：5–7.

黄丽芬，陶晓婷，高威，等，2014. 江苏沿海地区减磷对机插常规粳稻产量形成及品质的影响［J］. 中国水稻科学，28（6）：632–638.

纪宗亚，2011. 质构仪及其在食品品质检测方面的应用［J］. 食品工程，38（3）：22–25.

贾建新，蔡德龙，2011. 硅肥对改善农作物品质研究及新进展［C］. 中国农业产业经济发展协会. 新型肥料研发与新工艺、新设备研究应用研讨会论文集. 中国农业产业经济发展协会：北京晟勋炎国际会议服务中心，2011：47–52.

贾良，丁雪云，王平荣，等，2008. 稻米淀粉RVA谱特征及其与理化品质性状相关性的研究［J］. 作物学报，5：790–794.

江谷驰弘，雷小波，兰艳，等，2016. 粳稻脂肪含量对稻米品质的影响［J］. 华南农业大学学报，37（6）：98–104.

江苏省农业技术推广总站，2019. 2018年水稻生产技术总结汇编［G］.

江苏省农业农村厅，2020. 江苏省第六十八次农作物品种审定会议审定通过的主要农作物新品种介绍［I］.

江苏省农业农村厅，2019. 江苏省第六十七次农作物品种审定会议审定通过的主要农作物新品种介绍［I］.

江苏省农业委员会，2015. 江苏省第五十七次农作物品种审定会议审定通过的主要农作物新品种介绍［I］.

江苏省农业委员会，2016. 江苏省第六十次农作物品种审定会议审定通过的主要农作物新品种介绍［I］.

江苏省农业委员会，2017.2017年江苏省主要农作物审定品种引种备案目录［I］.

江苏省农业农村厅，2019. 2019年江苏省主要农作物品种引种备案目录［I］.

江苏省农业农村厅，2020. 2020年江苏省主要农作物品种引种备案适应性试验结果［I］.

姜平，张晖，王立，等，2012. 不同包装方法下大米储藏品质的变化研究［J］.粮食与饲料工业，2：1-4.

蒋助华，2020.水稻栽培技术措施对稻米品质的影响［J］.种子科技，38（9）：22-23.

金丽晨，耿志明，李金州，等，2011. 稻米淀粉组成及分子结构与食味品质的关系［J］.江苏农业学报，27（1）：13-18

金正勋，秋太权，孙艳丽，等，2001.氮肥对稻米垩白及蒸煮食味品质特性的影响［J］.植物营养与肥料学报，1：31-35+10.

乐丽红，陈忠平，程飞虎，2018.南方粳稻稻曲病防治药剂及防治适期探讨［J］.中国稻米，24（2）：60-63.

雷雨，黄云，杜晓宇，等，2009.增施硅肥对水稻抗稻瘟病的效果分析［J］.安徽农业科学，37（23）：11044-11046，11066.

李闯，孔繁东，刘兆芳，等，2017. 不同包装材料对大米恒温恒湿贮藏品质的影响［J］.粮食与饲料工业，5：5-8.

李冬，2020.挑选大米要五看［J］.新农村，1：43.

李佳，赵旭，林子木，等，2019.东北地区偏高水分稻谷控温储藏过程中品质变化研究［J］.粮食加工，44（6）：74-76.

李军，肖丹丹，邓先亮，等，2018.镁锌肥追施时期对优良食味粳稻产量及品质的影响［J］.中国农业科学，51（8）：1448-1463.

李莉，谢骏琦，时优，等，2016.高温高湿条件下纳米包装材料对大米酶活性及成分的影响［J］.食品科学，37（24）：278-284.

李琳，丁峰，潘介春，等，2020.植物锌脂蛋白转录因子家族研究进展［J］.热带农业科学，40（2）：65-75.

李强，2014.IH电饭煲的磁场及热场分布仿真的设计［D］.成都：电子科技大学.

李苏红，李缓，董墨思，等，2018.大米食味品质仪器分析与感官评价的相关性［J］.粮食与油脂，31（12）：31-34.

李维强，2014. 减少稻米爆腰与破碎，提高稻谷出米率［J］. 粮食加工，3：33-36.

李伟，2004. 不同定植方式对水稻低位再生特性和产量品质的影响［D］. 长沙：湖南农业大学.

李昕，2017. 氮钾配施对水稻空育131品质的影响［J］. 黑龙江农业科学，1：34-38.

李旭，毛艇，张睿，等，2014. 水稻收获时期对稻米淀粉RVA特性和食味品质的影响［J］. 贵州农业科学，42（4）：55-57.

李中青，高桥政夫，小田中温美，等，2008. 追肥与收获时期对水稻产量和品质影响的研究［J］. 湖南农业科学，1：67-68+77.

梁成刚，陈利平，汪燕，等，2010. 高温对水稻灌浆期籽粒氮代谢关键酶活性及蛋白质含量的影响［J］. 中国水稻科学，24（4）：398-402.

梁建聪，容学军，郭云霞，2009. 不同肥料品种对水稻生长及养分吸收的影响［J］. 广西农业科学，40（3）：275-279.

廖伏明，1994. 碾米强度对稻米品质性状的影响［J］. 杂交水稻，2：31.

林洪鑫，肖运萍，袁展汽，等，2011. 水稻合理密植及其优质高产机理研究进展［J］. 中国农学通报，27（9）：1-4.

林青，黄国勤，2011. 耕作栽培措施对稻米品质的影响及其研究进展［J］. 中国农学通报，27（5）：6-9.

林育炯，张均华，胡志华，等，2016. 我国水稻机插秧育秧基质研究进展［J］. 中国稻米，21（4）：7-13.

刘厚清，河野元信，2017. 优良食味大米的生产、加工技术［J］. 中国粮油学报，32（9）：182-87.

刘建，魏亚凤，徐少安，2005. 几种物质对稻米品质及水稻产量的影响［J］. 长江大学学报（自科版），5：4-6，97-106.

刘君汉，2001. 浅谈水稻施镁技术［J］. 江西农业科技，2：17.

刘凯，张耗，张慎凤，等，2008. 结实期土壤水分和灌溉方式对水稻产量与品质的影响及其生理原因［J］. 作物学报，2：98-106.

刘昆，李婷婷，李思宇，等，2019. 机械化栽培方式对水稻产量影响的研究进展［J］. 江苏农业科学，47（24）：1-5.

刘梦泽，万荣，刘正，等，2014. 十二种药剂防治中稻稻曲病药效对比试验［J］. 湖北植保，

2：26—27.

刘桃英，刘成梅，付桂明，等，2013. 大米蛋白对大米粉糊化性质的影响［J］. 食品工业科技，34（2）：97—99+103.

刘显爽，王士全，孟维良，2015. 镁肥对水稻米质的影响［J］. 农民致富之友，9：82.

刘向蕾，刘奕，程方民，2010. 稻米中四种蛋白质组分的研究进展［J］. 湖北农业科学，49（10）：2567—2570.

罗玉坤，闵捷，吴戌君，等，1989. 精度对稻米品质的影响［J］. 中国水稻科学，3（3）：123—128.

罗志祥，苏泽胜，施伏芝，等，2002. 米饭质地与直链淀粉含量及食味品质的关系［J］. 中国农学通报，6：18—21.

吕聪，王平，常鹏，等，2019. 培养温度、水分活度对稻谷和大米黄曲霉生长及产毒的影响［J］. 核农学报，33（10）：2033—2039.

吕伟新，郭振杰，王磊，等，2013. 关于家庭粮食低温储存的探讨［J］. 食品科技，38（9）：124—127.

吕文俊，王志玺，张欣，等，2018. 收获期对优质稻米产量及食味的影响［J］. 天津农学院学报8，25（4）：17—23.

马义虎，葛立立，杨凯鹏，等，2012. 有机肥对水稻生长发育、产量及土壤环境的影响［J］. 安徽农业科学，40（16）：8888—8891+8894.

苗得雨，魏玉光，贺海生，2007. 不同收获时期和收获方式对水稻碾米品质和产量的影响［J］. 北方水稻，4：25—27.

农业部，2015. 公告第2296号，关于第三届国家农作物品种审定委员会第六次会议审定的公告［A］.

彭华，田发祥，魏维，等，2017. 不同生育期施用硅肥对水稻吸收积累镉硅的影响［J］. 农业环境科学学报，36（6）：1027—1033.

彭世彰，郝树荣，刘庆，等，2000. 节水灌溉水稻高产优质成因分析［J］. 灌溉排水，19（3）：3—7.

钱银飞，张洪程，吴文革，等，2009. 机插穴苗数对不同穗型粳稻品种产量及品质的影响［J］. 作物学报，35（9）：1698—1707.

钱永德，2012. 氮镁肥对水稻产量和品质的影响研究［D］. 大庆：黑龙江八一农垦大学.

邱荣富，穆利明，李菊泉，等，2006. 生物有机肥不同运筹方式对水稻产量和米质的影响
　　［J］. 上海农业科技，3：44–45.

森下光宏，1997. 稻米的食味、品质与收获、干燥的关系［J］. 作物杂志，6：35.

沈鹏，金正勋，罗秋香，等，2005. 氮肥对水稻籽粒淀粉合成关键酶活性及蒸煮食味品质的
　　影响［J］. 东北农业大学学报，5：21–26.

沈永安，袁荣才，1992. 稻曲病菌越冬厚垣孢子接种试验续报［J］. 吉林农业科学，4：
　　57–59.

舒庆尧，吴殿星，夏英武，等，1998. 稻米淀粉RVA谱特征与食用品质的关系［J］. 中国农
　　业科学，3：031.

司子强，2019. 江苏省区域品牌经济发展的现状与对策研究［J］. 常熟理工学院学报，33
　　（4）：72–76.

松江勇次，2014. 高温环境下的优良食味稻米生产技术研究战略［C］//2014年中国作物学
　　会学术年会论文集.

松江勇次，2019. 第一届"优良食味粳稻国际学术研讨会"会议报告［R］.

宋宁垣，郭凯，赵全志，等，2018. 河南沿黄稻区直播稻与常规优质稻稻米品质比较分析
　　［J］. 中国农学通报，34（22）：1–9.

宋鹏慧，方玉凤，王晓燕，等，2015. 不同有机物料育秧基质对水稻秧苗生长及养分积累的
　　影响［J］. 中国土壤与肥料，2：98–102.

宋婷，2016. 大米贮藏过程中不同碾磨程度对大米品质影响的规律分析［D］. 大庆：黑龙江
　　八一农垦大学.

孙国才，崔月峰，卢铁钢，等，2012. 氮肥用量及前氮后移模式对水稻产量及品质的影响
　　［J］. 中国稻米，18（5）：49–52.

汤陵华，佐藤洋一郎，等，1999. 中国草鞋山遗址古代稻种类型［J］. 江苏农业学报，4：3–5.

田学军，黄少云，丁建军，等，2015. 大米包装形式演变探析［J］. 包装世界，1：6–8.

涂云彪，2019. 施氮量对稻米脂类代谢与食味品质的影响［D］. 雅字：四川农业大学.

万建民，王才林，2018. 中国水稻品种志·江苏篇［M］. 北京：中国农业出版社.

万向元，胡培松，王海莲，等，2005. 水稻品种直链淀粉含量、糊化温度和蛋白质含量的稳
　　定性分析［J］. 中国农业科学，38（1）：1–6.

汪楠，2017. 粳稻灌浆过程中品质形成及采后干燥特性的研究［D］. 南京：南京财经大学.

王爱辉，王勇，耿文良，2013. 水稻栽培技术措施对稻米品质的影响 [J]. 北方水稻，43（6）：31-33.

王才林，邹江石，汤陵华，等，2000. 太湖流域新石器时期的古稻作 [J]. 江苏农业学报，3：129-138.

王建平，乔中英，谢裕林，等，2011. 苏香粳3号的选育及栽培技术 [J]. 江西农业学报，23（4）：30-31.

王菁华，谢振华，张钬，等，2018. 米饭适口性仪器评价模型的建立 [J]. 现代食品科技，34（11）：268-274.

王婧，周有祥，2019. 挑选大米的技巧 [J]. 农产品市场，17：40-42.

王康君，葛立立，范苗苗，等，2011. 稻米蛋白质含量及其影响因素的研究进展 [J]. 作物杂志，6：1-5.

王力，孙影，张洪程，等. 2017. 不同时期施用锌硅肥对优良食味粳稻产量和品质的影响 [J]. 作物学报，43（6）：885-898.

王立峰，陈静宜，陈超，等，2014. 不同包装方式下大米储藏品质及微观结构研究 [J]. 粮食与饲料工业，12：1-5+9.

王森，邸文静，徐节田，等，2019. 有机肥料在优质粳稻生产中的促进作用 [J]. 现代农业科技，1：58.

王娜，2010. 储藏条件对稻谷陈化的影响研究 [D]. 武汉：华中农业大学.

王鹏跃，路兴花，庞林江，2016. 影响米饭质构特性和感官的关键理化因素分析 [J]. 食品工业科技，37（2）：119-124.

王疏，杜毅，褚茗莉，等，1993. 稻曲病菌生物学特性的研究 [J]. 辽宁农业科学，3：34-35.

王雪梅，2011. 储藏条件对稻谷品质的影响研究 [D]. 武汉：华中农业大学.

王宇凡，张文斌，徐琳娜，2020. 江南地区粳米食味品质评价方法探究 [J/OL]. 食品与发酵工业：1-7 [2020-11-02]. https://doi.org/10.13995/j.cnki.11-1802/ts.024595.

温海英，陈利利，曾志，2014. 镁肥对水稻经济性状及产量的影响 [J]. 农技服务，31（3）：79.

吴文革，周永进，陈刚，等，2014. 不同育秧基质和水分管理对机插稻秧苗素质与产量的影响 [J]. 中国生态农业学报，22（9）：1057-1063.

吴焱，袁嘉琦，张超，等，2020. 稻米脂肪与品质的关系及其调控［J］. 江苏农业学报，36
　　（3）：769-776.

奚岭林，2015. 镉和铅对水稻产量和品质的影响及其在植株内的分配［D］. 扬州：扬州大学.

夏礼祝，2019. 江苏特色农产品区域品牌：形成机理、建设现状与发展对策［J］. 太原城市
　　职业技术学院学报，8：12-15.

鲜于晓龙，2016. 黑龙江省五常大米产业发展战略研究［D］. 延吉：延边大学.

向远鸿，唐启源，黄燕湘，1990. 稻米品质性状相关性研究—I. 籼型粘稻食味与其它米质性
　　状的关系［J］. 湖南农学院学报，4：325-330.

肖鹏，邵雅芳，包劲松，2010. 稻米糊化温度的遗传与分子机理研究进展［J］. 中国农业科
　　技导报，12（1）：23-30.

谢黎虹，罗炬，唐绍清，等，2013. 蛋白质影响水稻米饭食味品质的机理［J］. 中国水稻科
　　学，27（1）：91-96.

邢志鹏，朱明，吴培，等，2017. 稻麦两熟制条件下钵苗机插方式对不同类型水稻品种米质
　　的影响［J］. 作物学报，43（4）：581-595.

徐丹萍，2019. 高压蒸汽蒸煮对米饭食味品质影响及其机理探究［D］. 无锡：江南大学.

徐润琪，刘建伟，张萃明，等，2003. 降低杂交稻谷加工破碎率途径的研究 I 砻谷条件对不
　　同品种稻米破碎率的影响［J］. 中国粮油学报，18（3）：13‑16.

许光利，2011. 水稻灌浆结实期高温弱光对籽粒脂类代谢的影响［D］. 雅安：四川农业大学.

薛志刚，张丽娜，2012. 不同育秧方式对水稻秧苗素质及产量性状的影响［J］. 黑龙江生态
　　工程职业学院学报，4：29-30.

杨阿林，万春柳，张帆，等，2013. 机插水稻不同基质配方育秧试验研究［J］. 江苏农机化，
　　6：21-22.

杨波，靳辉勇，屠乃美，等，2018. 锌肥在水稻上的应用研究进展［J］. 天津农业科学，24
　　（3）：47-50+58.

杨波，徐大勇，张洪程，2012. 直播、机插与手栽水稻生长发育、产量及稻米品质比较研究
　　［J］. 扬州大学学报（农业与生命科学版），33（2）：39-44.

杨洪建，2019. 优良食味稻米保优生产及冷藏加工技术［J］. 农家致富，6：26-27.

杨建昌，袁莉民，唐成，等，2005. 结实期干湿交替灌溉对稻米品质及籽粒中一些酶活性的
　　影响［J］. 作物学报，8：1052-1057.

杨联松，白一松，许传万，等，2001.水稻粒形与稻米品质间相关性研究进展［J］.安徽农业科学，3：312-316.

杨荣，2019.江苏省农作物主要病虫害发生趋势预测［J］.农家致富，8：32-33.

杨文祥，王强盛，王绍华，等，2006.镁肥对水稻镁吸收与分配及稻米食味品质的影响［J］.西北植物学报，12：2473-2478.

姚姝，于新，周丽慧，等，2016.氮肥用量和播期对优良食味粳稻直链淀粉含量的影响［J］.中国水稻科学，30（5）：532-540.

叶全宝，张洪程，李华，等，2005.施氮水平和栽插密度对粳稻淀粉RVA谱特性的影响［J］.作物学报，1：124-130.

殷碧秋，常红，齐君，2010.硅肥对水稻品质的影响及发展前景［J］.吉林农业，5：112.

尹阳阳，2010.储藏温度和水分对稻谷品质的影响［D］.郑州：河南工业大学.

应存山，1992.中国稻种资源的研究进展［J］.中国水稻科学，6（3）：142-144.

尤国林，陈益玲，王大陆，2012.水稻穗颈稻瘟病的发生机理和防治技术［J］.大麦与谷类科学，3：51-52.

袁道骥，史韬琦，王月慧，等，2019.水分对低温储藏优质稻品质的影响［J］.中国粮油学报，34（6）：6-11.

战旭梅，郑铁松，陶锦鸿，2007.质构仪在大米品质评价中的应用研究［J］.食品科学，28（9）：62-65

张春红，李金州，田孟祥，等.2010.不同食味粳稻品种稻米蛋白质相关性状与食味的关系［J］.江苏农业学报，26（6）：1126-1132.

张国良，2005.硅肥对水稻产量和品质的影响及硅对水稻纹枯病抗性的初步研究［D］.扬州：扬州大学.

张红建，谢更祥，邹易，等，2018.不同包装材料对大米品质的影响［J］.粮油食品科技，26（4）：27-30.

张红建，邹易，赵阔，等，2017.包装方式对储运过程中大米品质影响的研究［J］.粮食与饲料工业，11：5-8.

张建中，奚刚，吴茂新，等，2010.两种种植方式下"上师大3号"水稻主要农艺性状，产量及品质指标比较分析［J］.上海师范大学学报（自然科学版），39（3）：321-324.

张杰，郑蕾娜，蔡跃，等，2017.稻米淀粉RVA谱特征值与直链淀粉、蛋白含量的相关性及

QTL定位分析 [J].中国水稻科学，31（1）：31-39.

张俊喜，成晓松，宋益民，等，2016.中国水稻稻曲病研究进展 [J].江苏农业学报，32
　　（1）：234-240.

张凯岳，2015.锌对水稻碳酸酐酶和光合作用的调节作用研究 [D].武汉：华中农业大学.

张敏，苏慧敏，王子元，2017.稻米加工对米饭风味的影响 [J].中国粮油学报，9：8-13.

张鹏里，王长青，李新永，等，2008.稻米蒸煮食味品质的评价指标与影响因素 [J].北方
　　水稻，1：13-14.

张巧凤，吉健安，张亚东，等，2007.粳稻食味仪测定值与食味品尝综合值的相关性分析
　　[J].江苏农业学报，23（3）：161-165.

张文香，王成瑗，赵磊，等，2009.育苗方式对水稻产量及品质的影响 [J].现代农业科技，
　　24：11-12.

张秀琼，吴殿星，袁名安，等，2019.稻米脂类的功能特性及其生物调控 [J].核农学报，
　　33（6）：1105-1115.

张瑜琨，武炜，2017.大米干饭加热时间与提前浸泡时间关系的实验研究 [J].物理通报，5：
　　122-123.

张玉华，2003.稻米的碾磨品质及其影响因素 [J].中国农学通报（1）：101-158.

张玉荣，周显青，张秀华，等，2008.大米蒸煮条件及蒸煮过程中米粒形态结构变化的研究
　　[J].粮食与饲料工业，10：1-4.

张振宇，党姝，林秀华，等，2010.不同收获时间和方式对水稻外观品质及加工品质的影响
　　[J].黑龙江农业科学，2：22-24.

张志云，2016.有机肥的长期使用对水稻生长发育的影响分析 [J].黑龙江科学，7（3）：
　　150-151.

张自常，李鸿伟，陈婷婷，等，2011.畦沟灌溉和干湿交替灌溉对水稻产量与品质的影响
　　[J].中国农业科学，44（24）：4988-4998.

赵春芳，岳红亮，黄双杰，等，2019.南粳系列水稻品种的食味品质与稻米理化特性 [J].
　　中国农业科学，52（5）：909-920.

赵春芳，岳红亮，田铮，等，2020.江苏和东北粳稻稻米理化特性及 *Wx* 和 *OsSSIIa* 基因序列
　　分析 [J].作物学报.

赵广欣，罗盛国，刘元英，等，2016.栽培方式对寒地水稻稻米品质的影响 [J].江苏农业

科学，44（12）：111–114.

赵居生，楠谷彰人，崔晶，等，2003. 粳稻食味感官鉴定方法［J］. 天津农业科学 01：12–14.

赵黎明，2009. 稻米成分与品质的关系［J］. 北方水稻，39（5）：65–71.

赵婷婷，周健，潘世驹，等，2017. 不同基质组合对水稻秧苗素质及理论产量品质的影响［J］. 四川农业大学学报，35（2）：151–158.

赵学伟，卞科，1998. 蛋白质与淀粉的相互作用对陈化大米质构特性的影响［J］. 河南工业大学学报（自然科学版），19（3）：23–29.

郑桂萍，陈书强，郭晓红，等，2004. 土壤水分对稻米成分及食味品质的影响［J］. 沈阳农业大学学报，4（35）：332–335.

郑建峰，2017. 叶面锌肥对水稻旗叶生理及稻米品质的调控研究［D］. 南京：南京农业大学.

郑先哲，赵学笃，陈立，2000. 稻谷干燥温度对稻米食味品质影响规律的研究［J］. 农业工程学报，16（4）：126–128.

周慧颖，彭小松，欧阳林娟，等，2018. 支链淀粉结构对稻米淀粉糊化特性的影响［J］. 中国粮油学报，33（8）：25–30.

周立军，江玲，翟虎渠，等，2009. 水稻垩白的研究现状与改良策略［J］. 遗传，31（6）：563–572.

周娜娜，徐年龙，王飞，等，2019. 氮肥用量和运筹对优良食味水稻南粳 9108 产量和品质的影响［J］. 大麦与谷类科学，36（4）：29–34.

周青，陈新红，丁静，等，2007. 不同基质育秧对水稻秧苗素质的影响［J］. 上海交通大学学报：农业科学版，25（1）：76–79.

周晓晴，2013. 不同加工精度大米食味品质分析及其综合评价研究［D］. 南昌：南昌大学.

周治宝，2011. 米饭食味特性与稻米理化指标的相关性研究［D］. 南昌：江西农业大学.

朱宝成，张万灵，蒋志坚，等，2018. 高低温烘干粳稻谷在储藏期间对脂肪酸的影响［J］. 现代食品，2：46.

朱冰心，2015. 水稻机插秧育秧基质筛选及基质培肥效应研究［D］. 武汉：华中农业大学.

朱昌兰，江玲，张文伟，等，2006. 稻米直链淀粉含量和胶稠度对高温耐性的 QTL 分析［J］. 中国水稻科学，20（3）：248–252.

朱昌兰，翟虎渠，万建民，2002. 稻米食味品质的遗传和分子生物学基础研究［J］. 江西农业大学学报，24（4）：454-460.

朱大伟，李敏，郭保卫，等，2018. 氮肥水平对优质粳稻蒸煮食味品质与质构特性的影响［J］. 贵州农业科学，46（3）：62-66.

朱勇良，叶亚新，谢裕林，等，2013. 优质中粳香稻新品种"苏香粳3号"特性及保优栽培技术［J］. 上海农业科技，5：35+37.

朱转，侯磊，等，2013. 浸泡和超高压处理对米饭食用品质的影响［J］. 中国食品学报，13（10）：86-91.

庄义庆，罗明，张国良，等，2005. 氮肥运筹对稻米品质的影响研究进展［J］. 河南农业科学，6：15-17.

Fahad S，Hussain S，Khan F，et al.，2015. Effects of tire rubber ash and zinc sulfate on crop productivity and cadmium accumulation in five rice cultivars under field conditions［J］. Environmental Science and Pollution Research，22：12424-12434.

Gomez K A，1975. Influence of environment on protein content of rice［J］. Agrono J，67（4）：565-568.

Hanashiro I，Abe J，Hizukuri S，1996. A periodic distribution of the chain length of amylopectin as revealed by high-performance anion-exchange chromatography［J］. Carbohydr Res，283（10）：151-159.

Huang S J，Zhao C F，Zhu Z，et al.，2020. Characterization of eating quality and starch properties of two *Wx* alleles japonica rice cultivars under different nitrogen treatments［J］. Journal of Integrative Agriculture，19（4）：2-12.

Jinakot I，Jirapakkul W，2019. Volatile aroma compounds in jasmine rice as affected by degrees of milling［J］. Journal of Nutritional Science and Vitaminology. 65（Supplement）：S231-S234.

Juliano BO，Bechtel DB，1985. The rice grain and its gross composition［M］. Rice Chemistry & Technology，AM，ASSOC，Cereal Chemistry，USA，62：51-57.

Juliano BO，1976. Extraction and composition of rice endosperm glutelin［J］. Phytochemistry，15：1601-1606.

Kumar I，Khush G S，1988. Inheritance of amylose content in rice（Oryza sativa L.）［J］. Euphytica，38（3）：261-269.

Lei S，Wang C C，Ashraf U，et al.，2015. Exogenous application of mixed micro-nutrients improves yieild, quality, and 2-AP comtentsin fragrant rice [J]. Appliedecology and Environmental Research, 15 (3): 1097-1109.

Luo H W, Du B, He L X, et al., 2019. Exogenous application of zinc (Zn) at the heading stage regulates 2-acetyl-1-pyrroline (2-AP) biosynthesis in different fragrant rice genotypes [J]. Scientific Reports, (9): 19513.

Mar N N, Umemoto T, Abdulah S N A, Maziah M, 2015. Chain length distribution of amylopectin and physicochemical properties of starch in Myanmar rice cultivars [J]. Int J Food Prop, 18 (8): 1719-1730.

Mathpal B, Srivastava P C, Shankhdhar D, et al., 2015. Improving key enzyme activities and quality of rice under various methods of zinc application [J]. Physiology and Molecular Biology of Plants, 21 (4): 567-572.

Mithu D, Suneel G, Vishal K, et al., 2008. Enzymatic polishing of rice-A new processing technology [J]. LWT - Food Science and Technology, 41: 2079-2084.

Nakamura K, Izumiyama N, Ohtsubo K, et al., 1993. Apoptosis induced in the liver kidney and urinary bladder of mice by the fungal toxin produced by Ustilaginoidea virens [J]. Mycotoxins, 38: 25-30.

Ramezanzadeh F M, Rao R M, Windhauser M, et al., 1999. Prevention of hydrolytic rancidity in rice bran during storage [J]. Journal of Agricultural and Food Chemistry, 47 (8): 3050-3052.

Rodríguez-Arzuaga M, Cho S, Billiris M A, et al., 2016. Impacts of degree of milling on the appearance and aroma characteristics of raw rice [J]. Journal of the Science and Food Agriculture, 96: 3017–3022.

Saleh M I, Meullenet J F, 2007. Effect of protein disruption using proteolytic treatment on cooked rice texture properties [J]. Journal of Texture Studies, 38 (4): 423-437.

Shobana S, Malleshi N G, Sudha V, et al., 2011. Nutritional and sensory profile of two Indian rice varieties with different degrees of polishing [J]. International Journal of Food Sciences and Nutrition, 62 (8): 800-10.

Suzuki Y, Yasui T, Matsukura U, et al., 1996. Oxidative stability of bran lipids from rice variety [*Oryza sativa* (L.)]. lacking lipoxygenase-3 in seeds [J]. Journal of Agricultural and FoodChemistry, 44(11): 3479-3483.

Tashiro T, Ebata M, Ishikawa M, 1980. Studies on white belly rice kernel Ⅵ. The most vulnerable stages of kernel development for the occurrence of white belly [J]. Japanese Journal of crop science, 49(3): 482–488.

Vandeputte G E, Derycke V, Geeroms J, et al., 2003. Rice starches: Ⅱ. Structural aspects provide insight into swelling and pasting properties. J Cereal Sci, 38(1): 53–59.

Wang Z, Su H, Bi X, et al., 2019. Effect of fragmentation degree on sensory and texture attributes of cooked rice [J]. Journal of Food Processing and Preservation, 43: e13920.

Yu H Y, Ding X D, Li F B, et al., 2016. The availabilities of arsenic and cadmium in rice paddy fields from a mining area: The role of soil extractable and plant silicon [J]. Environmental Pollution, 215: 258–265.

Zhang C Q, Chen S J, Ren X Y, et al., 2017. Molecular structure and physicochemical properties of starches from rice with different amylose contents resulting from modification of OsGBSSI activity [J]. Journal of Agriculture and Food Chemistry, 65: 2222–2232.